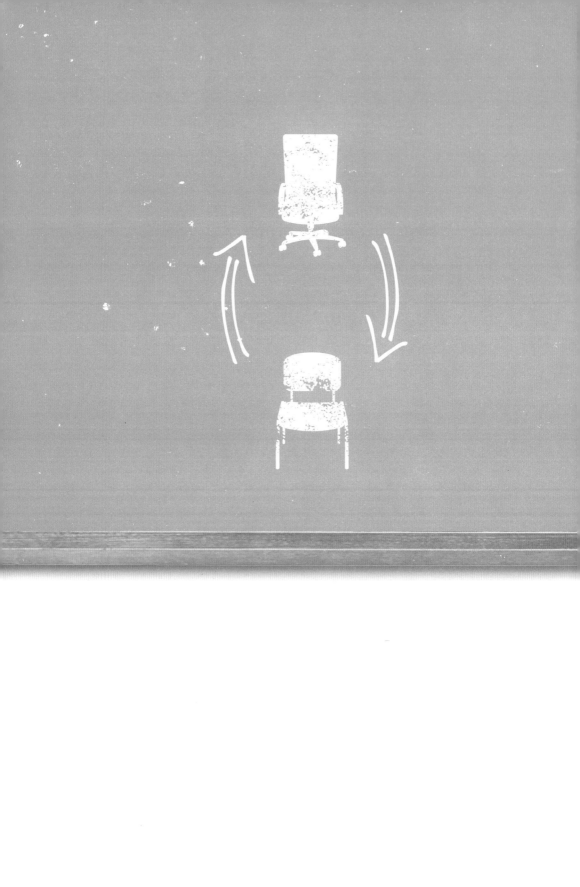

"好同学"被领导，"坏同学"当领导

苏建军◎著

华夏出版社
HUAXIA PUBLISHING HOUSE

图书在版编目（CIP）数据

"好同学"被领导，"坏同学"当领导/苏建军著. —北京：华夏出版社，2013.1

ISBN 978-7-5080-7401-6

Ⅰ．①好… Ⅱ．①苏… Ⅲ．①成功心理－通俗读物 Ⅳ．① B848.4-49

中国版本图书馆 CIP 数据核字（2012）第 315586 号

"好同学"被领导，"坏同学"当领导

作　　者　苏建军 著
策划编辑　陈小兰
责任编辑　马　颖

出版发行　华夏出版社
经　　销　新华书店
印　　刷　三河市兴达印务有限公司
装　　订　三河市兴达印务有限公司
版　　次　2013 年 1 月北京第 1 版　　2013 年 1 月北京第 1 次印刷
开　　本　720×1030　1/16 开
印　　张　13
字　　数　197 千字
插　　页　2
定　　价　29.8 元

华夏出版社　地址：北京市东直门外香河园北里 4 号　邮编：100028
网址：www.hxph.com.cn　　　　电话：（010）64663331（转）
若发现本版图书有印装质量问题，请与我社营销中心联系调换。

前言

　　我们以自己为单位，对身边的朋友、同学进行询问调查，结果会发现，也许我们调查的对象是个高学历的大学生、硕士，也许我们所调查的对象——身边的同事、领导也大多是高学历的大学生，但最终让我们吃惊的是，一个公司、企业的老总、创始人竟然是其所属单位的学历最低者。

　　这样的情况并不少见，尤其是在销售行业，"就业门槛低"这个特点给了更多人机会，这里没有学历限制，凡是有野心、有能力签单拼业绩的，都可以进来。所以，在这里，不论你是大学生、硕士生还是博士生，你都会得到与专科、初中学历者一样的竞争环境，如果说有不一样的，恐怕就是外界期望值的不同，舆论压力的不同。

　　于是乎，我们便发现了，在不重视学历而重视能力，或者说完全无视学历的行业中，一个团队的领导者往往是低学历者。他们也许不是学校里的好学生，但却成为了自己行业中的佼佼者。

　　随着社会的发展，教育的普及，以及人们对高学历的趋之若鹜，大学生越来越多，就像人们常说的"一抓一大把"、"随便扔块石头，砸到的10个人中8个都是大学生"。这说明什么？说明高学历者越来越多，但一种奇特现象也在发生：高学历的"好学生"未必前途坦荡，低学历的"坏学生"也未必障碍重重。

　　领导管理方式与对人才的看法在不断更新，人们对于人才的定义也不仅仅只是学历、档案讲评，综合能力成为了首要的考虑条件。

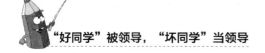

于是，"不重学历重能力"正逐步成为社会、大小企业、各行各业的普遍用人标准。

有些好同学可能会心中感到不忿，认为："有学历不好吗？好吧，即使没有学历，我们这些好同学比那些差生差到哪儿去了？一样的做人、做事、做工作，他们有的，我们也有，凭什么他们能当'头儿'，我们却只能跟着他们打转转，听他们发号施令？"

如果这样想，那说明好同学还是没有看出自己和那些"差生"的差异在哪里，并不是"他们有的，我们也有"，相反，那些我们口中的"坏同学"所有的东西，正是我们所极为匮乏的东西，比如野性，比如圆滑，比如谋略，比如能怂，比如够狠，比如能说会道能做领导范，比如一身豪气不是领导也能成为团体中的"大哥大"、"大姐大"……

"坏同学"就像狼，"好同学"总扮羊；

"坏同学"仿毒蛇，"好同学"学乖兔；

"坏同学"扮乞丐，"好同学"总像慈善家；

"坏同学"做魔鬼，"好同学"成天使；

……

美好的词语都是"好同学"的代名词，恶劣的词语似乎从学校起就成了"坏同学"的代名词，然而，这些形象的代名词也许正是我们揭开诸多好同学无法理解的"反常现象"的切入点，从而找到"坏同学"当领导，而"好同学"只能被领导的真正原因。

（欢迎读友加 QQ 号 1961576637 为好友，或致电顾问手机 15201402522 讨论。）

目录

第二章 能怂："坏同学"是乞丐，"好同学"是慈善家

第一章

够野："坏同学"是狼，
"好同学"是羊

在这个物竞天择的社会，狼早已认清了"狼多肉少"的真理，在狼的眼中，世界是残酷的，他们的胃口本就不"安逸"，所以，他们要磨尖了牙、磨利了爪，以成为更强大的族群。

在羊的眼中，世界有危险，可只要有"主人"这个保护伞，生存仅仅就是如何在那遍地是草的地方，悠闲地吃草，所以，羊们要强化的技能只是"防"。

于是，当狼与羊同时出现在职场、官场、商场中时，失去了保护伞的"好"同学只学会了防，而狼学会的是"争"、"夺"、"抢"。

所以，"坏"同学往往能够越爬越高，当领导，当老板，当"头儿"；而习惯了被保护的"好"同学，却只能在"坏"同学的保护与庇佑下，才能安逸地生存。

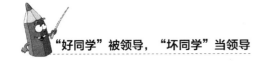

Part 1 天性

■ 狼，拒绝被"圈养"

　　每个"坏"同学的心中都有一匹奔跑的狼，他们从来都不愿意被安稳的圈养。他们有自己的理想、目标和信念。他们的天性中就有一种统治的欲望，即使自身的条件再不好，他们也会等候时机，为自己争取和创造更好的条件。这就是狼的性格，也是"坏"同学的性格。他们知道等候，知道为自己创造机会，他们从来都不甘于平庸和平淡。

　　汉高祖刘邦出身寒微，他出生于沛县的一个小村庄，年少时期曾在马公书院读书，拜马维先生为师。在刘邦读书期间，他经常逃学，还经常被老师训斥，但是他不改懒散的本性，依旧我行我素。在家中刘邦也不喜欢到田里去劳作，他的父亲也经常训斥刘邦，说他没有他的哥哥会过日子，以后难成大业。但是刘邦为人豪爽，对待他人也很是宽容。

　　后来刘邦做了泗水的一个小小亭长。当时，他和泗水的那些小官吏们混得很熟，在当地也渐渐地有了名气。但是，刘邦志向高远，他并不是一辈子只想做一个小小的亭长。有一次刘邦在送服役的人去都城咸阳的时候，在路上，刘邦看到秦始皇大队的人马在出巡，当时秦始皇坐在华美的车上，整个人威风极了。当大队的人马走远之后，刘邦羡慕地说："大丈夫就应该这样才对！"

　　秦朝末年，刘邦在为沛县押送服役的人去骊山的时候，很多服役的人都在半路上逃走了。刘邦想，等到了骊山这些人也差不多都逃光了，所以，走到芒砀山的时候，刘邦就让所有的人停下来饮酒，然后，刘邦说："我放你们一条生路，你们也都逃命去吧，看来我也要做亡命之徒了!"服役的人中有十几个人都愿意追随刘邦。于是刘邦就斩白蛇起义，开始对抗秦王朝。

后来，刘邦的起义队伍越来越壮大，并有许多的谋臣和名将誓死跟随刘邦，其中包括张良、萧何、樊哙、韩信等人。在这些人的辅佐下，刘邦最终灭了秦王朝，战胜了楚霸王项羽，最终成就了帝王之业。

众所周知，刘邦原来不过是沛县的一个小混混儿。当时，谁能想到，一个小混混可以成就一番霸业，而且还成为历史上第一个平民皇帝呢？原因就在于刘邦的天性中有一种狼性，他不甘于只是做一个小小的亭长，甚至，他在看到了秦始皇浩大的出巡队伍之后，居然说出了"大丈夫就应该像这样才对"，这种在当时看来是"大逆不道"的话。

"坏"同学从来都是不那么容易被驯服的，他们渴望自由，不甘心被领导。他们从来都坚信自己才是真正的领导者。他们渴望成为一个领导者，有了渴望也就有了动力，有了动力才可能会成功。刘邦就是志存高远，他因为渴望成为一个像秦始皇那样的人，所以才有了后来的斩白蛇起义，才能终结秦王朝，成就霸业，成为一代明君。

刘邦也善于隐忍，他明白自己真正想要得到的是什么，所以，从来都不会被任何人驯服，他只想成就自己的霸业。只有这样他才能是自由的，可以不受任何人的支配。尽管走向自由的道路是艰辛且漫长的，但是，"坏"同学最不怕的就是隐忍和等候时机。

因为"坏"同学从小受到的非议要比表扬多，所以，他们更加懂得了隐忍和等待。

同时，狼又是狡猾的。"坏"同学自然也有狡猾的一面，他们懂得如何变通，他们也够世故、够圆滑。所以，刘邦才能在沛县混得很好。当他起义的时候，以"斩白蛇"为噱头，不过是为自己找一个借口，以便自己能得到更多人的支持。

同时，"坏"同学因为经历比较丰富，所以，他们的观察力也较强。正是因为刘邦看到了秦王朝的气数已尽，他才敢把服役的人给放走，他放人的行为也是在为自己的起义招兵买马、笼络人心。

　　刘斐名校毕业，毕业后在一家大型企业任部门主管，也算是高薪阶层了。凭借自己的能力，他已经按揭买了一套两居室的房子，他一直觉得自己的小日子还算舒服。可是近段时间他参加了一个初中同学的聚会，他开始有些迷惑了。

　　原来，在刘斐参加同学聚会的时候，他原本以为以前他可是班里面的佼佼者，那么以他今日的收入和地位，应该已经算是同学中的佼佼者了，可谁想，他们班以前那些"小混混"们，有很多现在都已经是身价数百万甚至千万的大老板了。更让刘斐觉得不解的是，这些人甚至连高中都没有上。比如，以前老是抄他作业的胡签现在已经是一家奔驰车行的老板了，另一个成绩不怎么样的同学刘磊也是几家连锁饭店的大老板了。

　　那天，刘斐正巧就坐在胡签和刘磊之间，三个人正在闲聊的时候，刘磊突然对胡签说："哎，胡签，我要买辆车，你给打个折扣呗！"

　　胡签立刻拍着自己的胸膛说："这个好办，我是不会欺骗老同学的！可是，你前不久不是刚刚买了一款新车吗？怎么又要买啊？"

　　刘磊讪笑着说："嗨，没办法，家里人多，一辆不够用啊！"

　　……

　　两个老同学之间的对话，将刘斐最后的一点骄傲也全给打掉了。

　　"坏"同学只是不太适应学校这个环境，可是，这并不代表他们到社会上之后，也会一事无成。刘斐正是自认为"坏"同学的境遇一定没有自己的好，这才产生了这么大的心理落差。

　　可是我们要清楚，一个人的成绩好坏，与一个人能否成功并无多大的关系。也许刘磊和胡签能走到今天确实走了不少弯路，可是他们毕竟成功了。他们没有成为马戏团中的小丑，而是成了一匹真正的狼。

　　"坏"同学也许在学习方面真的不太好，但是正是因为这样，他们才早早地进入了社会。过早地磨炼，让他们变得更具洞察力，变得更加世故圆滑，同时又因为天性中那份不甘于平淡的韧劲儿，使得"坏"同学最终成了领导者，而不是被领导者。

"坏"同学是注定要成为一个领导者的，因为他们之所以坏就是在学校的时候，从来都不听从他人的安排，"坏"同学是难以驯服和驾驭的。这个特性也注定了他们在事业的道路上的定位和方向，他们明白自己想要的是什么，要摒弃的是什么。

▇ 羊，享受羊圈里的安逸

而很多的"好"同学呢？他们享受安逸，不太喜欢折腾。他们天性中就有一种安于现状的性格，"好"同学就像是羊圈中的小绵羊一样，安逸舒适地待在羊圈中吃吃草、晒晒太阳，甘愿被别人领导着。他们想要的并不算多，羊圈外的风雨与他们无关，他们只是想要固守住羊圈以内的天地而已。

有些"好"同学，他们所认为的最理想的生活无非就是能够顺利地毕业，然后在一家可心的单位能够干出个名堂，然后过着衣食无忧的生活也就足够了。所以，很多的"好"同学并没有那么大的野心。他们在学校是听老师话的"好"同学，走出校门之后，也是听从上司领导的好下属。

于静毕业于知名院校，毕业之后，经过千挑万选，她终于找到了一家比较适合自己的企业。因为在大学期间，所学的专业是人事管理，毕业后自然而然地也就进入了这家公司的人事管理部门。

刚刚进入公司的时候，于静对于任何事情必定要亲力亲为、事无巨细，凡事抢着做，每天下班的时候，于静虽然很累，可是她却觉得自己非常充实。

可是，部门其他的同事慢慢地对她没有刚开始热情了，尽管于静极力地想要跟每个同事都处好关系，却总是事与愿违。一次，于静在厕所一不小心听到了其他同事对她的评价和看法。

同事甲："哎，我说那个新来的于静，你说她整天逞什么能呢？弄得我们好像都是吃闲饭的一样！"

同事乙赶紧附和地说："就是，就是，我就看不惯她那样，整天弄得自己很忙似的，也不知道到底要表现给谁看！"

同事丙："表现给谁看？还不是想要表现给领导看吗？想要高升呗！"

同事乙："就她还想要高升？傻里傻气的！"

……

于静听了同事们对自己的非议，感到非常气愤，她强压着怒火，暗暗发誓一定要做出成绩来给这些小瞧她的人看看！

从此以后，于静更加努力地工作，自然，她与同事的关系也是越来越疏远了。可是，尽管每次于静的工作都很出色，领导也看到了，但是并没有对于静表现出欣赏，反而是反应平平。那些每天只会嚼舌根、拉家常、搞小团体的老员工却总能得到领导的表扬。于静心中感到不平衡，同时似乎也明白了一个所谓的道理：有多努力不重要，在公司待的时间有多久，资历有多久也许更重要。既然是这样，又何必那么辛苦。

渐渐地，于静对自己的工作也就越来越放松了，自然她和同事也就越走越近了。于是，于静慢慢地也就适应了这种散漫的工作状态，对于以前的雄心壮志也忘得一干二净。她甚至常常为自己拥有朝九晚五的固定生活状态感到满足，觉得自己不用像其他人那么奔波是一件幸福的事情！

有很多的"好"同学都像于静一样，在刚刚进入职场的时候，总是认为自己可以大展拳脚了。刚开始，他们都是非常地努力。可是渐渐地他们就会发现，自己的努力并不是总能够得到认可，再看那些闲散的员工，一样是工作一天，做的事情可谓是少之又少，可是他们总是能够得到领导的赞赏。

于是，很多的"好"同学也开始学会了在复杂多变的职场上"难得糊涂"，他们明白了很多的事情并不是自己所能够控制得了的，也不是所有的事情都可以用努力换来的。

他们学会了在职场中混沌度日，他们学会了"做一天和尚撞一天钟"，渐渐地，他们失去了自己的雄心壮志，沉迷于现在看似安逸的生活。他们只是偶尔会笑笑那些心中怀有远大抱负的职场新人而已。

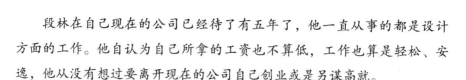

　　段林在自己现在的公司已经待了有五年了，他一直从事的都是设计方面的工作。他自认为自己所拿的工资也不算低，工作也算是轻松、安逸，他从没有想过要离开现在的公司自己创业或是另谋高就。

　　一次，段林和自己以前的老朋友一起喝酒，朋友和段林是发小。这位发小从小就不听话，是他们社区有名的"坏小孩儿"。这几年朋友在外面打拼挣了不少钱，于是就想要让段林跟他一起开办一家设计公司，因为段林有设计方面的技术。于是朋友就说："段林，咱们商量个事情怎么样？我想要开一家公司，这样，我出钱，你出技术。我算你股份。怎么样？要不要一起干？"

　　段林犹豫了半天说："你也知道，我都已经是有孩子的人了，可不能像以前一样'一人吃饱全家不饿'。我现在就想安安分分地在现在的公司里做一个小小的设计，虽然工资不算太高吧，可是稳定啊。再说，我在公司待的时间也不短了，说不定还能升职呢。所以啊，公司你还是自己办吧！但是如果有需要的地方，我是一定会帮忙的！"

　　朋友听了，还是心有不甘，说："段林，这可都是兄弟，我才想让你跟我一起干的，等我将来赚了大钱，你可不要后悔啊！"

　　段林笑笑说："不会的，要真是那样，只怪我自己没那个命！"

　　朋友看段林的话都已经说到了这个份上，也就不好再说什么了。

　　两年后，朋友的公司已经开始盈利了，管理着十多个人，而段林依然在公司做一个小小的设计。

　　段林就像大多数的好学生一样，因为已经适应了目前的工作和生活状态，就不愿意再轻易地做出什么改变。这样，他们变得越来越安逸，越来越没有什么进取心。他们只是想守住自己现在的这些东西，就满足了。

　　"创业"确实是一个不小的诱惑，若是成功了还好，可是万一失败了呢？就是这一个"万一"，最终让段林退缩了。可是要想做一个成功的人，怎么可以畏惧失败呢？很多"好"同学，在安逸的职场环境中，常常会被眼前的小成功迷惑双眼，渐渐地也就不再去想职场以外的成功了。

　　很多"好"同学的进取心就像是温水煮青蛙一样，慢慢地被职场的安逸

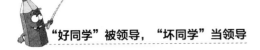

环境这把"温和的火"给烧死了。他们从来都只是想着在职场这一方天地中，取得更好、更高的东西，殊不知职场之外还有一片更为广阔的天地，但是处于对未知天地的一种敬畏，"好"同学们选择了退缩。

■ PK 结果分析

- "坏"同学就像是一匹狼，浑身充满了宏大的欲望，他们不甘于平淡，有自己的想法和打算，也不会轻易地被他人驯服。
- "好"同学就像是一只羊，他们只想享受安逸，并不欣赏打拼时那种"血雨腥风"的激情，他们只要有足够的物质条件就够了，他们想要的并不算太多。
- 正是因为有了狼的天性，"坏"同学从来都不满足于现状，他们不甘于受他人的管制，有自己的想法和追求，所以，他们从来都不愿意被圈养，他们每个人都有自己的"狼王梦"。
- 而"好"同学就像是温顺的羔羊一样，他们追求的并不算太多，只要足够安逸就可以了，相比费尽心思地做一个领导者，不如享受被领导的安逸。

Part 2 领导力

■ 一只羊领导一群狼，狼变成了羊

如果要一只羊来领导一群狼，那么只能将狼群的战斗力削弱到极点，此时的狼群也不再是狼群，只是一个羊群而已。

因为"好"同学从小就受到传统的教育，他们没有敢于冒险的精神，他们走的都是保守路线。所以，没有了激情和冒险，最后的结局也只能是淹没在芸芸众生中。

注定了，一只羊领导着一群狼，最后的结局只能是一群羊的战斗力。

战国时期，赵国的名将赵奢有一个儿子，名叫赵括，赵括自幼就开始学习兵法，可谓是熟读兵书。后来就连赵奢都考不倒赵括了，所以赵括就自认为天下无敌。

可是赵奢似乎对此并不满意，赵括从母亲的口中才知道了父亲不满意的原因。原来，赵奢认为打仗是性命攸关的大事，但是在赵括看来却好像是再平常不过的小事情一样，如果有朝一日赵括做了赵国的将军，那么他是一定会毁了赵国的军队的。

然而，赵括对父亲的这一担忧却显得不以为然，他自认为自己的兵法学识天下无敌，自己不仅有能力当上将军，更有能力带领赵国的军队打胜仗。

后来，赵括接替了大将军廉颇的位置，成为抗秦大将，赵王给了他一只精锐部队，让他击退秦军。赵括成为了抗秦大将之后，觉得终于到了自己大展拳脚的时候了，于是他根据书本上的知识和理论，对军队进行了全面的改制，不仅更改了军队原有的纪律和规定，甚至连原来的军官也全部给撤换掉了。

赵括依照兵书对军队大刀阔斧的改革被秦国的将领白起知道了，白起断定赵括只不过是一个死读兵书的庸才而已，不足为惧。于是白起出动了一队人马，在与赵括交手的时候，假装被击败，然后在赵军追赶的时候，再出其不意地回击，成功地截断了赵军运输军粮的道路，将赵军一切为二，造成了赵军的军心涣散。

赵军与秦军僵持了四十多天之后，赵军的士兵很多都被饿死了，无奈之下，赵括带着最精锐的将士做最后的突围。战斗中，熟读兵法的赵括被秦军射死，赵军也全军覆没。

这就是历史上有名的"纸上谈兵"的故事。

不可否认，赵括确实是一个勤奋好学又聪明的好学生。可是结果如何呢？不但葬送了一支精锐部队，最后连自己的性命也给搭进去了。

这正是一只羊带领一群狼的后果。

一支精锐部队，就是一支虎狼之师，战斗力如何，全赖领导者到底是羊

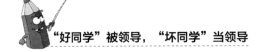

还是狼。如果我们的领导者是一只羊的话，他们很难推陈出新，只会按部就班地依照自己认为是真理的理论来带领自己的团队，从来不敢逾越理论半分。

"好"同学喜欢用保守的方式来做事，他们不会想着出奇制胜，然而，在现在这个经济全球化的时代，"好"同学们的行事作风无疑显得老套了，因为事情都是变幻无常的，我们不能用自己的理论来应对所有的困难。

赵括就是只知道照搬兵书上的兵法，从来不知道创新，还自以为是天下无敌，殊不知，世事变幻无常，如果只是一味地墨守成规，那么最后的结局必定是很惨的。

果然，最后秦国的大将白起看出了赵括的不足，只是用了一个小小的计谋，就将赵军的粮草给切断了，最终赵军只落得一个全军覆没的下场。

难道是秦国的军队比赵国的军队强大吗？难道是赵国的兵不强、马不壮吗？都不是，他们的差别只是在于领导，秦国是由一只狼带领着的一支虎狼之师，而赵国却是由一只羊带领的一支虎狼之师，其结果赵国必然是惨败的。

章华研究生毕业，因为在自己的专业领域造诣颇深，发表过很多优秀的专业论文，所以，他一毕业就被一家知名的大企业看中，高薪聘请为该公司的一个项目经理。

在刚刚进入公司的时候，章华凭借自己较强的专业知识，带领团队取得的业绩节节高升。可是时间久了，章华的管理理念和专业创新却是一点长进都没有。

一次，他们团队要做一个开发项目的创意，团队的精英们经过长时间的构思、讨论和努力，终于想出了一个比较创新又很实用的点子，可是申报到章华这里的时候，却意外地受到了阻碍，章华给出的理由就是"缺乏理论依据"。无奈之下，团队的人也只得另辟蹊径，但是都没有之前的方案出色。

团队中有一个新人，是高中毕业，凭借自己的自学和努力走到了今天，也是第一个方案的创始人。他实在是看不惯章华那种凡事都要有理论依据的行事作风，就直接将方案交给了公司的董事会。董事会对这个方案十分满意，就加紧按计划投放到了市场上，结果收益颇丰，可谓是名利双收。

那个高中生也因此受到了重用，而章华带领的团队因为缺乏创新，最终被公司给解散了。

文中的两个人就是一个很鲜明的对比，"好"同学章华虽然在进入职场之初，展示了自己的才华，可是他的才华只是由一条条的书本理论堆积出来的。最终，随着业务的逐渐深入，章华实际操作能力的欠缺也日益显露出来。

在一个构思新颖的方案面前，章华居然以"理论依据不足"这样的僵化思维方式把新方案搁浅了。试想，有这样一个领导者领导的团队，即使队员再优秀，路也不会走得太远的。

而与章华相对比的就是那个高中生，他虽没有经历过专业的培训，但有更多的实践经验，没有过多理论知识束缚的他，反而能做出更好的创意。

其实，大多数时候，理论只是给我们起到了一些指导作用而已，它是应该为我们的创造和发展服务的，所以，千万不要让理论禁锢了我们的思想。

要想一个团队足够出色，离不开一个优秀的领导者，领导者需要有进取和不怕失败的精神，需要敢于冒险，需要推陈出新、出奇制胜。

所以，一只羊是不能来领导一群狼的，否则结果只能是全军覆没。

■ 一只狼领导一群羊，羊成为了狼

截然相反的是，如果是由一只狼来领导一群羊，那么其后果会把群羊训练出群狼般的战斗力。

狼的本性就是勇敢、征服和敢于冒险，而这些也正是一个优秀的领导者所需要具备的。"坏"同学正是一只狼，他们从小就经受住了舆论和上方的压力，依旧我行我素；从来不按照常理来出牌，却总是能够出奇制胜；他们永远都有着用不完的激情和奇思妙想。这些本性，正是成为一个优秀领导者的必备条件。

而最为重要的是，"坏"同学渴望征服他人，不习惯被约束。

卡内基出生于苏格兰一个贫困的家庭，他的父亲是一个纺织工，而母亲则经常靠给别人缝补来赚钱补贴家用。

卡内基在十三岁那年，随着家人一起移民到了美国的匹兹堡，那时他们的生活是十分清苦的。卡内基在白天给别人做童工，而到了晚上还要去夜校学习，那段时间日子过得十分艰难。所以，第二年卡内基就退学了，来到了一家电报公司做信差，以此来赚钱，补贴家用。刚刚成为信差的卡内基对于匹兹堡的路线并不十分熟悉，随时面临被经理辞退的可能。但是卡内基却在短短的一个星期后通过自己的努力，熟悉了全城的路线，也最终感动了公司的经理，成为了一名出色的信差。在送信的过程中，因为会接触到各类公司，于是卡内基就一边送信，一边学习着每一个公司的经营方式和特点。

后来，卡内基又成为了宾夕法尼亚州铁路公司的私人电报员和秘书，靠着这种不达目的不罢休的"狼"劲，在之后的铁路公司工作的十几年间，卡内基从一个小小的电报员，逐渐成长为公司西部地区的主任，并且也学会了大量的管理技巧。同时，由于薪金的提高，也让卡内基有了投资的本钱，因为投资的成功，为卡内基积累了财富，加上战争也给他创造了赚钱机会，最终，卡内基也成了一个有钱人。

但是，"狼"性十足的卡内基并不满足于现状，后来他辞去了铁路公司的职务，和别人一起开创了卡内基科尔曼联合钢铁厂。

之后的事情，我们就非常熟悉了，卡内基的钢铁公司发展势头迅猛，成为了当时世界上最大的钢铁公司，一年出产钢铁总量比英国一个国家的总量还要多。一时间，卡内基几乎垄断了当时美国的钢铁市场。

卡内基并没有读过多少书，很小的时候就被迫退学去挣钱维持生计，可是他并没有自暴自弃，反而用自己的所见所闻，不断地去积累知识和经验，最终凭借着敏锐的眼光和独特的判断力，以及不惧失败的冒险精神，成为了名副其实的钢铁大王。

卡内基有着自己独到的眼光和见解，并不会一味地照搬照抄他人的经验。他懂得"成功是不可以复制的"，他也从来不想重复走别人的老路，他有敏锐的观察力，所以，他在合适的时间，毅然决然地放弃了自己舒适安逸的工作和生活，转投到了钢铁产业中。

可以想象到，卡内基当时也一定是顶着非常大的压力，但是他坚持住了，没有放弃，所以，卡内基成为了钢铁大王。并且在退休之后，用自己的财富做慈善，造福了更多的人和事。

卡内基就是一只狼，平时积攒能量，待时机一成熟，他就会立马挣脱束缚，去开创属于自己的天地。自始至终没有过一丝一毫的松懈，他明白自己没有机会去松懈，只能一直不停地向前。最终，他带领着自己的团队，走到了事业的顶峰。他就是一只带领着羊群的狼，他能凭借自己的感染力和努力，让这群羊成为一群有战斗力的"狼"。

所以，"坏"同学就是一只狼，他们不仅能凭借着"狼的本性"，为自己开创一片新天地，也可以带领着一群羊，打出一场漂亮的胜仗！

秦鑫在学生时代逃课、打架等等，是个老师眼中的坏学生。因为受不了学校的管束，所以初中一毕业就退了学，经过几年的摸爬滚打和自学，在 IT 这个领域慢慢有了立足之地。

因为不满之前公司对自己的轻视，秦鑫决定实现自己的下一个人生目标：创业！他一直都想有一个真正属于自己的公司，有机会可以将之前的一些好的创意一步步地去实现。因为这么多年来的打拼，秦鑫也积攒了一部分资金，再加上家里人的资助，秦鑫注册了一个小公司。

刚开始公司只有五个人，可是秦鑫并没有觉得自己的公司小，他认为只要能够将客户的产品做好了，有了好的口碑，一定有进一步的发展。他经常跟自己的员工讲："我最喜欢一句话，那就是'心有多大，舞台就有多大'，公司鼓励你们完全发挥你的想象力和创造力，有什么好的想法就尽管提。无论这个世界上的东西再怎么先进，还不都是人创造出来的嘛！"

正是在秦鑫这份想象力和创造力的带领下，公司的员工对于当时的很多电子产品都做出了更新，随着客户的增多，秦鑫公司的名声渐盛，收益也越来越多。后来，秦鑫又进一步扩大了公司规模，即使公司的规

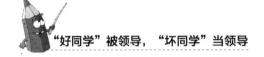

模增大了数倍，秦鑫还是始终坚持一个原则，那就是：发挥你的想象力和创造力！

领导者的思维决定团队的思维，所以，一个团队的战斗力往往取决于它拥有一个什么样的领导者。

秦鑫正是想从一成不变、死气沉沉的规矩中逃脱，去完全展开想象力和创造力，才创办了属于自己的公司，所以他就始终鼓励自己的员工不要墨守成规。

秦鑫的公司规模那么小，员工也不是 IT 行业中的精英，可是就是这么几个不算精英的人，和秦鑫一起开创出了一个奇迹，我们不得不说：领导的力量和影响是无穷的！

这就是领导者的伟大之处，秦鑫从来都不想要禁锢员工的思想，因为他清楚，只有无穷的想象才能创造出来伟大的事业，所以，是秦鑫用自己的"放手"，将一群"羊"训练成为了一群来势凶猛的"狼"。

正是有了一只狼领导了羊群，才赋予了羊群狼一般的战斗力！

■ PK 结果分析

- "好"同学做领导，就像是一只羊带领着一群狼，在竞争如此激烈的氛围中，其结局是不容乐观的，因为一个具有羊般性格的领导，给予自己团队的也只是羊的温顺和墨守成规。他们很可能会因为缺乏想象力和创造力，以及没有冒险精神而使得自己的才思日益枯竭。

- "坏"同学做领导，恰如一只来势凶猛的头狼带领着一群温顺的羊，狼不会满意于羊群的温顺，因为领导者要的并不仅仅是员工的没有创新的一味顺从，否则他们大可以用机器人来代替员工，狼性的领导者真正想要的是员工自身拥有的难得的想象力和创造力！所以，最终温顺的羊群会被头狼训练成为具备战斗力的狼！

- 因为"好"同学会固守羊的本性，领导不了一群狼，所以，他们往往扮演的是好下属、好助手。

● 而"坏"同学拥有狼的性情, 他们能够将羊群训练出狼一般的战斗力, 所以, "坏"同学更适合做领导!

Part 3 野心

狼养不熟, 早晚脱缰

狼在人们的印象中代表着桀骜不驯, 残暴贪婪, 野心勃勃。人们在研究中悟出了一种狼性文化, 其实狼的野心和拼搏精神有时候可以作为人类学习和追求的一种境界。

"狼养不熟, 早晚脱缰"说的就是狼不会满足于当前的环境, 等到时机成熟, 它一定会脱缰而去, 寻找更加广阔的草原, 追逐更大的天地。

"坏"同学就像这匹野心勃勃的狼, 不会满足于当前的一片天地, 等到时机成熟一定会去实现更大的目标和愿望。那么为什么"坏"同学会有狼的这种野心和闯劲呢?

其中最重要的原因就是因为"坏"同学不像"好"同学那样容易被一些思维和知识约束与制约, 他们往往更加具有开拓精神和永不满足地追求梦想的动力。所以他们总是将自己的眼光放得比较长远, 通过自己的拼搏和进取获得成功。

不论是在"坏"同学身上, 还是在"坏"同学领导和经营的企业身上, 我们都能看到这种狼性文化所浓缩的远大目标和志向的影子。它是一种催化剂、一种助推器, 一直不断地激励和鼓舞"坏"同学领导着他的企业向世界的最前端和时代的最前沿前进。

于庆波是中国第一个让家具店在美国土地上扎根的企业家。这个只有高中学历的"坏"同学是怎样导演出这一部具有中国色彩的家具剧作呢?

其中最关键的原因就是于庆波本人具有很大的事业野心，他不仅想让自己的"菱方圆"家具遍布中国的市场，还想让它们走向美国，走向世界，他要让"菱方圆"的名字响彻在世界的每个角落。

事实证明他做到了，尽管他在42岁才开始起步，但是他却在短短的时间内，首创了沪上家具连锁经营。并用大面积的环境来显示家具的风采，使古典和现代风格巧妙地结合，从而也使家具大世界的梦想得到了实现。并在这么短的时间内，带领仅有60多名员工的菱方圆家具集团创造了极大的经济效益和财富。

在中国职场取得的巨大成功并没有让于庆波有丝毫的满足，他有更大的野心和抱负。他曾胸怀大志，满怀自信地说道："我要把货送到美国的任何一个地方。"

就是靠这种野心勃勃和拼搏进取的精神，于庆波很快就打开了美国市场。1997年11月，在美国纽约创建了全美最大型的华人家具大厦——美国菱方圆家具大世界。

在这个家具大世界里，美国人不仅能看到具有中国特色的古典家具，也有各具他国地域风情的家具。其中包括意大利、丹麦、美国和比利时等很多国家的家具。在这个家具大世界里聚集了来自世界许多地方的家具，这一创举令当地的美国家具商感到无比震惊。

创造了巨大价值和财富的于庆波一直处于不断地进步和改进之中。他认为：一个人的野心有多大，前进的动力就有多大，成功的空间也就有多大。

有人说，只有高中学历的于庆波的成功是抓住了大好的时机，所谓"时势造英雄"。作为英雄最基本的一点就是要有野心勃勃的胸怀和壮志。所以说，于庆波的巨大成功很大一部分原因来自于他的野心和壮志。就像他说的"我要把货送到美国的任何一个地方"，他心中有了这种野心和凌云壮志，也就增大了自己前进的力量。

假如当时他满足于"菱方圆"家具在上海取得的成就，那么在美国建立全美最大的中国家具商厦也许要等待更久。正是他对自己永不满足，对事业

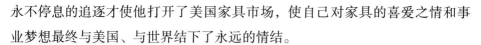

永不停息的追逐才使他打开了美国家具市场，使自己对家具的喜爱之情和事业梦想最终与美国、与世界结下了永远的情结。

"坏"同学自身往往会具有天不怕地不怕，舍我其谁的豪情壮志和勃勃野心。这恰恰符合了作为一个领导者所应该具有的狼性品质，所以他们更容易在事业和梦想的追求中取得成功并且成为大家眼中的领导人物。

当蔡亮读到大学三年级的时候，他渐渐地意识到电子商务在当今时代起到越来越大的作用，于是他决然地放弃了学业，专心地开始在网上做生意。

他按照自己以前注册的淘宝网账号，重新规划了一些需要卖的商品。他发现社会现实中存在的工作压力比较大而根本没有时间逛街的上班族不在少数，所以可针对的客户群有着很大的开发潜力。另外以自己的经验来说，大学生特别是女大学生也是一个很好的消费群体，尽管他们有时间但是没有金钱，所以相对比较实惠和便宜的商品会深受她们的青睐。于是蔡亮就将这两个群体作为自己的主要客户源群体。

蔡亮主要做的是关于女士服装，饰品和配饰等方面的生意。他的淘宝小屋装扮设计得非常吸引人，产品介绍得很清楚仔细。在不到两年的时间内自己的淘宝屋就创下了新纪录，赢得了很好的信誉和口碑，当然蔡亮也赚了不少钱。

但是，蔡亮并不满足于当前的状况，他考虑到自己虽然能够挣到一部分钱，但是还有很多时间是浪费掉了，所以，他决定等自己积累下更多的资本和经验后，就开一家店面，这样自己就可以双管齐下，两不误，还能赚两份。

就在年底，蔡亮清算了一下自己的资金，基本上已经可以盘下一个店面了。于是他说干就干，自己亲自参与了店面的设计和规划，还新购了一批更加有市场的服装来卖。并且还特意招聘了一个导购员来协助自己。

到目前为止，蔡亮每天的收入与同类商家相比已经是他人的三倍了。尽管工作起来比较累，但是他丝毫没有疲惫。他告诫自己：自己的梦想

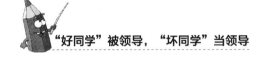

不能禁锢在这样一个小的店面里，他要创立一个规模更大，服务更加周全的服装店，只有这样自己才能在服装行业闯出一番名堂，打下一片天下。

蔡亮在没有上完大学的情况下，直接进入互联网的交易。他的这种魄力是很值得人佩服的。当他的淘宝事业取得一定成就，获取效益后，他并没有满足而是选择将自己所积累的资金拿来继续扩展业务——开一家服饰店。随着客源的不断增多和信誉口碑的建立，蔡亮还决定在原有的基础上使自己的服饰店更加具有全面性。

这就是"坏"同学蔡亮能够坐上老板的位置，成为一名领导者的过程。当然我们并不推崇这种中途放弃学业转向商海的行为。只是通过蔡亮的行为和经历说明一个道理，那就是"坏"同学往往具有很强大的野心和抱负，他们不会屈就于眼下的一些小成就，相反等到时机成熟，他会去挑战更大的困难，追逐更大的成功。就像草原上流浪的狼，他的天下不仅仅是眼前的一方土地，而是整个草原。

从"坏"同学的身上我们可以看到，他们大多具有领导型人物应该具有的那种魄力和野心，他们的梦想随着自己的成长和发展一直在延伸，这就是为什么有些"坏"同学在他人看来已经达到成功的极限时，他还一如既往地给自己加油，给自己充电的原因。

■ 羊易生感情，越养越舍不得走

羊是一种比较温顺、善良、胆小的动物。与狼的野性和残暴相比，在它们的身上往往有一种任劳任怨，忠实和安于现状，甚至是怯懦的性格。

那么相对于"坏"同学是狼，"好"同学则更多的与羊比较相似。

为什么呢？

首先，羊容易对一个地方和事物产生一种很强的依赖感和感情，所以会把自己局限在一个狭小的天地里。"好"同学大多也具有这种性格，他们一旦找到了一个工作或者在某一个领域习惯了，就渐渐地丧失了继续向外拓宽和发展的勇气和动力。

其次，"好"同学大多安于现状，他们过度地追求这种安稳和平静，往往忽视了身边有可能是危机四伏。

最后，像羊的柔弱和老实一样，"好"同学也往往缺乏领导的魄力和威严，他们总是给人一种想要被别人保护的样子，所以很难树立起自己的威望，更不容易得到他人的信任和拥护。

这就是有些"好"同学为什么一直屈就于一方天地，没有野心，无法实现作为一个领导者梦想的原因。

　　张扬和张帆是一对双胞胎兄弟，两人的相貌看上去很相似，但是两人的性格却截然相反。哥哥张扬从小就是大家赞扬的对象，因为他每次考试都是班级前几名，并且还抱回来好多奖状。但弟弟张帆在大家眼中则是一个调皮捣蛋鬼，总是给父母招惹一些麻烦，但是时过境迁，长大后的两人却完全呈现出让大家匪夷所思的现状。

　　张帆中专毕业后，直接走上了创业的道路。当时他的家乡正在着力开发旅游景点，于是张帆看到了一个商机，那就是要购买一个供游客旅游观光的客船，这只是他创业的初步计划。随着当地旅游业的发展，游客人数的逐渐增多，张帆又开办了家庭旅馆。在旅游旺季的时候，他会忙着招待游客；考虑到淡季无事可做的情况，张帆另外又承包了一片果园，做起了水果生意。

　　通过不断努力，张帆在当地已经成了一个很会致富创业的名人了。现在他自己已经招聘了大量的员工，他只负责整个事情的规划和管理，所有繁杂的事物都由自己的员工去处理。他已经完全成了一个名副其实的大老板了。

　　但是"好"同学哥哥张扬却没有这么风光无限。张扬当初很顺利地考上了一所名牌大学，在大学中也是一个深受老师喜欢和器重的好学生。

　　大学毕业后，张扬应聘到一家证券公司。如今已经过去两年了，张扬的工作趋向于稳定。他每天只需要朝九晚五地按时上下班，并不需要

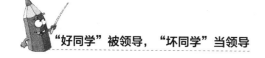

担心自己工作中会出现什么差错。另外工资也比较稳定，但是他不得不面对的还有一个问题，那就是每个月需要还房贷，最近刚买的一辆车子也需要还月供了。

张扬最近很为这个问题烦恼，一方面是来自于家庭的压力，另一方面还来自于父母不停的施压。

张帆看哥哥面对的压力这么大，于是就劝张扬换个工作，或者和自己一起创业。但是张扬并没有打算放弃自己已经工作了这么长时间的工作，尽管他没有什么高工资甚至大前途，但是它稳定、安全。

张帆对此很纳闷，于是就说道："你以前不是很有野心和雄心壮志的吗？怎么现在就这样不敢去尝试和挑战新事物了呢？"

张扬回答道："我只是不敢轻易放弃我花费了这么多心血好不容易换来的稳定的工作，况且我还不能确定辞掉这个工作后我还能不能找到比这个更好的工作，万一创业失败的话，那我不就赔了夫人又折兵吗？"

张帆看哥哥这么固执，优柔寡断，也不好再说什么，只是很无奈地摇摇头。

就这样，"好"同学张扬对自己的工作产生了很强的依赖感，他不愿意轻易地冒险尝试新的工作来改变自己的生活现状。看着弟弟如今比自己生活得要好，他也只是悄悄地安慰自己：这个稳定的工作至少可以让我不必担心失业或者承受风险，还房贷的事情终究会解决的。

最终张扬还是停留在自己的工作岗位上，没有选择离开，在稳定中感受来自生活和家庭的压力。

中专毕业的弟弟竟然比名牌大学毕业的哥哥年收入要多得多，当弟弟当上了老板时，哥哥还只是一个房奴。为什么会是这样的一种状况呢？

"好"同学哥哥对自己的工作产生了依恋，他太过于追求安稳，有一种安于现状的心态。他在这种平静的工作中渐渐失去了原本的勃勃野心和豪情壮志，不敢轻易地去尝试和挑战新的事物。所以，最终使自己不得不面临来自生活的沉重压力。而弟弟却相反，他野心很大，不仅把握住旅游业的大好时机，还发展了果园经济，这大大地促进了他成为大老板的前进步伐。

从这个例子我们可以看出，大多数"好"同学在步入社会后，很容易习惯和依赖上一份工作，并且有一种沉湎于安稳的心态。这恰恰成为他们事业成功路上的极大障碍。

所以，作为"好"同学应该摒弃自身那种安于现状，缺乏进取心的心态，拿出自身的豪情壮志，投身到工作中，充分地施展自己的才华和能力，进而创造更辉煌的人生。因为没有哪个公司会欣赏那些没有一点野心和抱负的员工，即便你现在有一份稳定的工作，也难保你将来会一直拥有这份工作。

有这样一个故事：

在印度有一个高学历的老者，在他步入老年以后，已经创办了一个很大的企业，自己的身价已经过亿了。

回顾自己的成长经历，这个老人感触万千。五十年前的老人还是一个年轻的小伙子，他大学毕业后进入了一家工厂，成为了一名普通的劳动工人。对于当时的社会来说，他的工作和处境已经算是不错的了，他对自己的现状也比较满意，并且他越来越依赖自己的这份工作，并不想去改变或者离开，找一份更加有前途的工作。

直到有一次，他因为散漫和不思进取给工厂造成了损失，被老板严厉地批评道："像你这种一点斗志和上进心都没有的人，是永远不会做出成绩的。"

老板的训斥深深地打击了这个年轻人的自尊心，也使他彻底地领悟到，自己绝对不能让老板的责备成为现实。于是他立即辞职，重新找了一份更加适合自己，更加具有发展前途的工作。

这次年轻人不再拿自己的高学历做令牌，而是靠自己的野心和抱负一直激励着自己不断地向自己所设定的目标前进。

这次年轻人专注于从事的销售工作，主要是给客户推销一些名家的画作或者书籍。他给自己的每个阶段都制订了不同的目标和计划，并按照自己的目标一步步地去实践，去拼搏。他当时最大的野心就是要让自己成为印度最强大的推销员，并能够成为印度最有影响力的推销员领袖。

经过多年的努力，他最终实现了自己的梦想，并且创办了自己的公

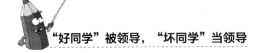

司，领导了一大批具有推销潜力的员工。

当这个年轻人最终进入迟暮之年后，他也面临着生命的结束。一次他染上了风寒，从此卧床不起，在他的遗嘱里，他附上了一个问题。并说明当自己死后，如果有人回答正确这个问题将有可能得到自己给予的奖金 3000 美元。

后来这个知名度很高的推销界领袖去世了。印度一家报社刊载了这个遗嘱里的问题，这个问题是："你认为，一个平凡的人最不能缺少的是什么？"这个问题一经刊登，便有很多的人前来回答。

有的人认为是自信，有的人认为是善良，有的人认为是真诚，还有的人认为必须有门养活自己和全家的技术……总之，大家的回答各有千秋，各不相同。

最终在老人过世的一周年祭日时，报纸终于公布了这个问题的答案，原来是：野心。

顿时所有平凡的人都恍然大悟了……

这个推销界领袖原本是一个高学历的人，但是他太满足于自己当时的工作，没有一点想要改变的野心和抱负。幸运的是老板的一顿臭骂让他如梦初醒，不能在这样黑暗的小工厂中埋葬自己的人生。于是他学会改变自己，给自己的人生重新定义，做了一个新的规划和目标。最终在这种野心和梦想的刺激鼓舞下取得了很大的成就。

对于他最后在遗嘱里提到的那个关于"你认为，一个平凡的人最不能缺少的是什么"的问题，令人引发深思。为什么平凡的人只能成为普通人？原因就在于他们没有野心，没有敢于突破自己去追求更广阔天空的决心和勇气。只是像一只温顺的羊一样，容易对眼前的事物产生依赖和感情，容易满足，所以很难取得更大的成就。

大多数"好"同学就具有羊的这种性格，习惯于温顺和安定的生活状态，缺乏不断拓展的野心和豪情壮志，所以，只能一直被局限和禁锢在一个天地，找不到更加遥远和广阔的生存和发展空间。

■ PK 结果分析

- 狼是一种有野心、有追求的动物。它把整个草原都当做自己要追逐和征服的天下，所以它能成为草原上的王者。

- 羊是一种温顺的，安于现状的动物。它很容易被眼前的青草地所诱惑，从而停止继续向远方奔跑的脚步，所以，它永远无法成为草原上有竞争力、有野心的王者。

- "坏"同学就像野心勃勃的狼，总是将自己的目标和梦想定得高远、辽阔。他们总是有一种舍我其谁的凌云壮志和豪迈情怀，所以很容易获得人们的信赖和钦佩，走上领导者位置的几率也往往很大。

- "好"同学就像草原上的羊，温顺，谦逊，没有攻击性，但是，正是这种性格决定了"好"同学在事业中容易陷入一种稳定甚至是死寂的状态，从而渐渐地失去了追求更高远目标的动力和野心。

　　从"好"同学和"坏"同学的野心对比来看，"坏"同学具有更加高远的野心和凌云壮志，他们往往会在事业追求中突破自己，把握时机，走向领导者的位置。而"好"同学往往安于现状，很容易满足于眼前的成绩，导致事业停滞不前，很难突破自身和获得提升。

Part 4　志向

■ 每匹狼都向往"狼王梦"

"狼王梦"是一部记载着屈辱、血汗和泪水的剧作：是一个不断追求的旅途。那些最终成为狼中之王的狼必定是一匹不怕苦难，坚韧不拔，勇往直前的狼。

"坏"同学心中大多都有一个"狼王梦"，他们就像奔跑在大草原上的狼群，为着自己梦中的天堂永不止步。当然，在这个实现梦想的过程中，他们需要面对许多的艰难困苦以及凄风苦雨，但是他们始终不肯妥协，而是义无反顾地向前挺进，即便早已遍体鳞伤，也毫不退缩。

这就是"坏"同学能够走向成功并最终成为企业领袖或者领导者的重要原因。

试想那些没有高学历、没有显赫家庭背景的企业家都是怎样谱写这部苦难史和成功史的，除了不断地与命运抗争，努力拼搏，难道还有什么捷径吗？

从中国众多的企业家中，我们可以看到，他们大多数人的起点是很低的，但是，他们都靠着为自己的梦想不断抗争和拼搏的精神，最终创造了非凡的辉煌业绩。

"老干妈"辣椒酱的创始人陶华碧就用自己的成功史，向我们诠释了"狼王梦"的真正内涵。

陶华碧出生在贵州省湄潭县一个闭塞偏僻的小山村。由于家境贫寒，她从未接受过任何正规教育。结婚后不久，他的爱人不幸病逝，留给他的是两个儿子及沉重的家庭负担。但是，这一切并没有让陶华碧从此一蹶不振，相反，她暗暗地告诉自己：即使再苦再难，也要把自己的家撑起来。就这样，陶华碧开始了自己的创业之路。

她先是在贵阳市南明区的一条街上开了一家专卖凉面和凉粉的小餐馆。为了给自己的凉粉调制作料，她自己制作出了辣椒酱。没有想到的是，制作的调味料会给自己的生意带来意外的效果。最让她深感意外的是，竟然有人专门来向她购买这种辣椒酱，后来随着更多的人来向她购买辣椒酱，她似乎从中看到辣椒酱的潜在市场。

她决定关闭凉粉店，全心全意地制作和专卖辣椒酱。

但是，对于创业初期的陶华碧来说，她根本没有充足的创业资金，更请不来员工。前期她都靠自己一个人的力量在坚持，在抗争。捣辣椒的时候会很辣眼睛，她强忍着眼睛的疼痛，加班加点地赶制产品。

在辣椒酱的销售过程中，由于卖凉粉的人毕竟是少数，她就亲自背着背篓到各处去推销。在她的坚持下，这种挨家挨户推销的方法效果还不错，最终让她迎来了希望。

　　等到辣椒酱的生意越做越好的时候，陶华碧建立了自己的工厂，招收专门的师傅和员工来制作、销售。当工厂的规模逐渐扩大、生意变得更加兴隆的时候，陶华碧也没有丝毫的懈怠和倦意。她还是坚持待在工厂里，晚上还直接睡在厂子里，用她的话说就是"听不见制作辣椒酱瓶瓶罐罐的声响我会睡不着"。

　　为了自己的辣椒酱事业，陶华碧付出了极大的心血和努力，吃了很多的苦，遇到很大的挫折。但是，她坚信自己制作的辣椒酱风味独特、质量安全可靠，一定会打出一片天下，走出贵州，走向全中国。

　　就是在这个梦想和信念的激励下，陶华碧面对拦路虎，即使被打击得遍体鳞伤，身心俱疲，她也没有放弃，而是咬紧牙关，勇往直前，最终使"老干妈"的名字响彻在中国这片辽阔的大地上，在每个热爱辣椒酱的人心底留下烙印。

　　陶华碧从未进过学校，甚至连自己的名字也不会写，但是她却将自己制作的辣椒酱推广到全中国，成为人们心中亲切可爱的"老干妈"。

　　那么，究竟是什么促成了陶华碧"狼王梦"的实现呢？

　　从故事中我们可以看出，除了她制作的辣椒酱味道独特、深受人们喜爱外，还有一个重要的原因，那就是陶华碧在创办"老干妈"这个品牌的时候，不停地与困难、现实作斗争的精神。

　　为了推销辣椒酱，她可以忍受一天只睡两个小时觉的劳累，为了捣辣椒，她也可以强忍辣椒粉的辛辣。正是这些创业中的艰辛和困苦，让陶华碧一次次地去尝试，去挑战。幸运的是，她成功了，她用自己的努力和拼搏向世人证明了自己的产品，同时也证明了她自身的魅力。

　　其实，陶华碧代表了"坏"同学中的很大一部分人，他们没有学历，但是他们有一种坚强和不断抗争的优秀品格，即使面前有一座高山，有一条大河，他们也有勇气和毅力跨越过去。

　　赵晨是杭州市某家电脑公司的总裁，这个只有高中学历令人头疼的

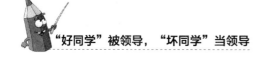

"坏"同学是怎样走向总裁的位置，成为一个商界精英的呢？

这要从赵晨艰苦的创业经历说起。高中毕业后的赵晨，喜欢整天泡在网吧里，他喜欢浏览各类网站，从中获取信息与资料。渐渐地，赵晨对制作各种网站很感兴趣，他开始跟着网上的一些视频教程开始学习一些软件和编程的制作。

有一次，他从一个网站上看到一些关于开发网站创业的广告，他当时就萌生了要创业的想法。

他向父母讲明了自己的想法，但是父母觉得他在学校没有好好学习，还想在电脑方面干出一番大事业，简直是胡闹，所以并不看好他，也没有对他给予实质性的帮助和支持。当时一心想干出一番大事业的赵晨并不理会父母及他人的不信任，开始他自己的创业计划。

对于一个完全没有技术、资金和经验的创业新手来说，赵晨的起步是很艰难的。他通过借钱筹集了一部分资金，在自己的县城的一条并不繁华的街上租赁了一间屋子作为他创业的根据地。刚开始就他一个人，他把自己的电脑软件都放在自己的网站上，等待他人的点击和访问。创业没有赵晨想象得那么容易，他的网站点击率并不高，并且真正有咨询或合作意向的人也不多。赵晨陷入了创业的沼泽中，开始了一段艰难的抗争历程。

赵晨没日没夜地寻找问题的突破口，寻找新的解决方案和网站制作特色。经过一段时间的反思和研究，他觉得发展不顺利的主要原因是当地的市场不行，他决定转战杭州市。在这个科技人员众多和先进的城市工作也许会进展得顺利一点。

他在杭州市租赁了一间写字楼，并招聘了几个技术员和自己一起奋斗。刚开始根本没有钱可赚，昂贵的房租、电费和员工开支却成为赵晨首先必须解决的事情。这并没有阻碍赵晨对自己创业的热情和执着，他每天省吃俭用，还非常热情地出去寻找客户。经过几个月的努力，他们网站的访问量逐渐增加，并有一些商家开始给他打电话，咨询见面，并且赚取了创业道路上的第一桶金。

这一桶金打响了赵晨创业的第一炮，他的创业之路也因此步入了正

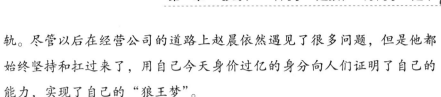

轨。尽管以后在经营公司的道路上赵晨依然遇见了很多问题，但是他都始终坚持和扛过来了，用自己今天身价过亿的身分向人们证明了自己的能力，实现了自己的"狼王梦"。

有这样一句话：成功是一种除臭剂，它可以除去你身上过去的味道。赵晨做到了，他用自己创业的成功洗去了自己身上原本"坏"同学的标签，用自己总裁的身分覆盖了曾经在他人眼中没有作为的印象。

在这条艰难困苦的创业道路上，只有高中文化程度的赵晨能够做得如此成功，其背后所付出的汗水和努力也是可想而知的。但这就是赵晨成功的关键因素，他始终怀着自己心中的"狼王梦"，即使遇见再大的困难，再多的苦痛，他依然憧憬着自己眼前的目标，最终使自己的公司越做越大。

假如赵晨在第一次失败时，没有思考是由于选址不正确的原因，那么他就有可能放弃。但是他没有那样做，而是选择新的战场，并且靠着强大的韧劲和毅力，最终使自己走到了总裁的位置，统领了目前企业上千人的庞大队伍。

从低学历到最终成为大公司总裁的"坏"同学赵晨向我们揭示了一个重要道理，那就是，"坏"同学尽管学历低，但是意志力和进取心特别大，即使面前的艰难险阻再多，他们依旧会像敢冲敢闯的狼一样，为了自己的草原天下之梦而不断地奔跑，不断地追赶。

■ 每只羊都做"享受梦"

每只羊大多都有一个享受梦，他们一旦发现一片水草丰美的草地，就会在那里长久地停留，不再去远方寻找更多的青草。他们的眼光和目标只在眼下，并非一望无际的草原，这就是羊的"享受梦"。

就像科学家们曾经做过的一个实验，把一条鱼放进一个盛满凉水的锅中，然后用文火煮水。鱼只知道自己现在身处于一片水中，它并没有意识到危险马上就会来临。它依然在水中摇着尾巴怡然自得地漫游着，享受着水的温存和清凉。随着水的温度逐渐升高，鱼才意识到自己享受的时间已经到期了，

现在面临的是生死的界限，但是为时已晚，它已找不到可以重新给自己生的希望的机会。

其实，现实生活中有许多"好"同学就像这只羊，这条鱼，大多追求的是一种享受梦。一旦取得点成就和成绩，就开始大大地享受，不再去考虑随时可能要面临的危险和挑战，很容易被他人所超越，所打败。

对于"好"同学来说，要有一种忧患和危机意识，不要过度地沉浸在享受之中，而应该有一种永不满足和奋力拼搏与抗争的精神，只有这样才能保证不会上演像锅中之鱼的悲剧。对于那些步入职场的新人或者刚取得事业成就的人来说尤其如此，不能让眼前的鲜艳光环蒙蔽了自己的双眼，阻碍继续前进的脚步。

姜明如今面临着事业上的一个极大瓶颈，就是自己的英语水平太低，达不到对方的标准。提到姜明的英语水平，其实有一个机会，但是他没有把握住。

大学毕业后，靠着优异的专业成绩，姜明被目前所在的公司直接录用。在进入这家公司后，姜明刚开始从事的只是一名业务员的工作，但是他的销售业务沟通能力非常强，在不到三年的时间里就被提拔为销售部主管，第四年又被提拔为市场经理。姜明也被公司里的领导越来越器重，可以说是公司着重发展和培养的对象。

姜明自身也对自己的表现非常满意，他也没有料到自己会取得这么快速和骄人的业绩。在他被提拔为市场经理后没多久，公司里组织了一个英语学习和培训的机会。领导说，这个培训只是公司免费给大家提供的学习深造机会，不强求，想参加的可以参加，不愿参加也不勉强。

姜明在大学时期专攻的是市场营销专业，尽管专业成绩非常好，但是对于英语却并不特别在行，只能说是一般水平。姜明当时认为英语在自己的工作范围内其实也并不十分适用和重要，况且自己目前做得这么成功，根本不必担心这个小事情，于是姜明就没有把这次培训和学习的机会当回事儿，很轻描淡写地就过去了。

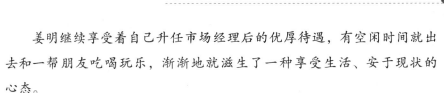

　　姜明继续享受着自己升任市场经理后的优厚待遇，有空闲时间就出去和一帮朋友吃喝玩乐，渐渐地就滋生了一种享受生活、安于现状的心态。

　　随着业务的扩展，公司准备与一家外企开展合作，他们共同投资建立了一个新的分公司，并且正在招聘新的销售总监人员。

　　能够成为这家大公司的销售总监一直是姜明的梦想，他不想失去这个机会。于是他向公司提出了申请，希望自己有机会可以实现自己长久以来的目标。公司批准了他的申请，他可以去竞争一下。

　　由于自己平时的业务做得突出，姜明信心百倍地去分公司面试。令他大吃一惊的是，这个分公司从事的主要是与国外人员打交道的工作。特别是对于销售总监这个职位，经常要面对的是一些国外的朋友和商人。对于一些文件和资料什么的可以交给自己的助理去做，但是真正的口语交际和沟通则成为姜明的劣势。

　　面试的结果是，对方以他英语水平太低、沟通能力太差而拒绝了他。这让原本信心十足的姜明深感遗憾，回想起自己原本是可以有一个学习和培训机会的，但自己只顾享受没有抓住，所以姜明现在非常后悔，但是补救已经来不及了，他只能眼睁睁地看着原本可以抓住的机会悄悄溜走……

　　姜明最终痛失销售总监的职位，与其说是他的英语水平太低，倒不如说是他沉迷于享受安乐、缺乏为危机做准备的态度造成的。

　　当姜明晋升到市场经理的时候，他就开始自我满足，飘飘然了，对于公司的英语培训并不上心和在意，以至于最后错失良机，在最终的面试中被淘汰。假如当时，他能够抓住学习英语的机会，提升自己的英语水平，再加上他当前的销售和管理能力，走向销售总监的位置不是难事，但他偏偏就是因为这一点使他的事业上升遭遇了极大困难。

　　从案例中，我们看到，以姜明为代表的一部分"好"同学普遍存在着这种像羊一样的"享受梦"心理和态度。他们一旦达到某种高度，就会沾沾自喜，停滞不前，忘却了外在环境可能出现的危险和挑战。他们最终会被出其

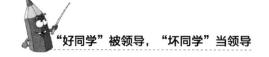

不意的竞争所打败，甚至被淘汰，给自己的事业造成重大的创伤。

对于"好"同学而言，应该具备一种"生于忧患，死于安乐"的精神，不要过度地沉迷于短暂的成功中，要懂得随时抽身离开，重新踏上自己的征途，不断地为更高远的目标和理想前进。

从这个例子中我们可以看出，"好"同学往往会有一种趋于自我满足和安于现状的心理，他们大多会因为眼前的一点成绩就停滞不前，中断了自己更加长远的事业道路。"好"同学应该尽早地认识这一点，将自己的目标定的更加远大，并一直坚持和追求下去，而不是在半途因为一点成绩就停滞不前。

■ PK 结果分析

- 狼的梦想是整个草原，所以它一直在不停的追寻和奔跑，这也是它最终能够成为狼王的重要原因。

- 羊往往会满足于一方天地，因此它的眼光比较短浅，会把自己迷失在暂时的成功和喜悦中，最终往往会成为狼的猎物。

"坏"同学具有狼一样的性格，百折不挠，锲而不舍，雄厚怀天，所以"坏"同学在奋斗的过程中一直向着最高远的理想和目标前进。"好"同学就像容易安于现状的羊，对自己取得的成功和进步很容易满足，在不经意间就被突袭而来的危机所破坏甚至是扼杀。

每一只狼都有一个自己梦想中的王国和天下，"坏"同学同样也拥有属于自己的梦想之都，即便是要接受再多的磨难与伤痛他们也敢于义无反顾地去追寻在他人看来无法企及的梦想，而"好"同学恰恰相反，他们对自己的王国和天下没有太长远的定义，一个稳定的工作，一个职位的晋升就可以让他们满足，他们习惯于这种随遇而安，喜欢享受生活时的短暂与直接，所以，他们的事业和梦想很难达到像"坏"同学所渴望的高度和深度，这也就注定了他们只能在低处仰望"坏"同学，在领导下属的角色中徘徊。

Part 5　生存

■ 狼："来吧，生存就是活物间的战斗！"

狼，来自于大自然，又受困于大自然。

狼是食肉动物，它需要在不停地追赶和奔波中才能获得食物，获得生存下去的依靠。这种艰难的生存环境决定了狼需要在与活动的动物的追赶和厮杀中，不断地与大自然作抗争才能求得生存的机会。

对于"坏"同学来说，他们一般出身不好，学历不高，在这个竞争如此激烈的社会，想要获得生存和发展的机会更难。所以，他们与狼的生存环境有几分相似，也不得不靠着自己的抗争和拼搏，才能开辟出一片属于自己的天地。

当"坏"同学与"好"同学处于同一起跑线时，"好"同学在硬件设施上比"坏"同学占据优势，所以，"坏"同学面临的困境越多，实现突破自我的机会就越少。"坏"同学只有不断地投入到战斗中，才能真正把握住机遇，突破自我，实现自己的梦想。

　　鸿海精密集团的董事长郭台铭就是一匹与梦想、与市场做斗争的狼。

　　郭台铭的出身并不好，由于家境贫寒，他在学校期间不得不半工半读，最终以专科的学历结束学业。郭台铭是家中的长子，走向社会的他不得不承担起作为长子的责任。

　　郭台铭没有充足的资金来源和人员帮助，这决定了他只能是白手起家，也决定了他的创业之路的艰难和坎坷。

　　但是，郭台铭骨子里最倔强的性格就是要做就做得最大，做得最好。所以，在自己创业的过程中，他一直奉行的是"四流人才、三流管理、二流设备、一流客户"的理念。但是对于当时的郭台铭而言，要找到一流的客户在外人看来简直是比登天还难。但是正是靠着这种信念的支持，他曾经到美国寻找客户——大工厂。那段时期是很困苦的，郭台铭只能住价格便宜、条件很差的汽车旅馆。就是在这样的条件下，他跑遍美国的 32 个州，寻找世界顶尖的合作客户。

进入电子行业的郭台铭创办了富士康。在事业的初步建立阶段，郭台铭为了使自己的企业能够快速地在激烈的竞争中脱颖而出，他要求自己每天必须工作至少 11 个小时，并且是工厂里第一个上班、最后一个下班的人。就是这种不断的抗争精神使富士康很快就成为中国最大的出口企业。

面对激烈的市场竞争，郭台铭从不后退，他经常讲起的一个故事就是关于给鸽子喂食的一件事。有一次，他在黄石公园见到禁止给鸽子喂食的告示牌，就问管理员为什么不能给鸽子喂食。管理员回答道："以前都是让鸽子自己去觅食的，后来人们常常给它们喂食，他们渐渐地就失去了觅食和谋生的能力，去年冬天，由于没有人喂食，它们都饿死了。"

从这次经历中，郭台铭认识到，一个人的成长环境决定了他最终的命运，面对激烈的竞争，要想取得生存的机会，就必须要学会给自己寻找食物。

正是在严酷的竞争环境中，郭台铭一直严于律己，低调做人，使自己的企业一步步地走向规模化、国际化。他也成为成功的企业家的代表，成为人们学习的榜样。

郭台铭只有专科学历，但是他却能在事业上取得如此大的成就，原因是什么呢？

就像他自己说的那样：一个人的成长环境决定了他最终的命运。面对激烈的竞争，要想取得生存的机会，就必须要学会给自己寻找食物。自己没有显赫的家庭背景，也没有高学历，起点也比别人要低，那么，要想成功，就需要付出比别人更多的汗水和艰辛。郭台铭做到了，他曾经每天至少工作 11 个小时，也曾经自己开着车奔波在美国的大工厂之间，他用自己的抗争和坚强为自己赢得了一个个的生存机遇和空间。

"坏"同学大多都会有郭台铭的这种精神和心态，也许他们没有像郭台铭一样取得如此大的成就，但他们永远为自己争取机会，不断拼搏的精神却值得"好"同学学习和借鉴。

　　丰轩出生在一个家境贫寒的家庭，家里为了供哥哥一个人上学，再加上丰轩本身也并不喜欢上学，父母就直接让他辍学在家了。

　　辍学后的丰轩看着非常辛苦的母亲和躺在病床上已经很久的父亲，决定出去打工，分担一些家庭负担。

　　丰轩经过别人介绍进入一家物流公司做快递员。丰轩深知自己的能力落后于他人，在工作上特别卖力和勤奋。

　　不论是炎炎夏日还是寒风凛冽的隆冬，他都骑着电动车奔波在这个城市为客户送东西。即便再累再苦，他也从没有怨言，因为他的目标很明确，就是要靠自己的努力为自己取得生存和提升的机会。

　　功夫不负有心人，丰轩的付出和努力得到了回报。工作两年后，公司将他提拔为业务部经理，这样，他的月薪不仅比以前提高了三倍，工作也比以往要轻松得多了。坐上业务部经理的位子以后，丰轩并没有丝毫的懈怠和满足，他积极地拓展业务，全面提升了自己的沟通和交际能力。

　　就这样，丰轩靠着这种精神很努力地工作，不久以后他终于被提拔为市场总监。

　　大家都很惊讶，这个只有初中学历、看起来资质平平的小伙子为什么会具有如此强大的竞争力和抗争意识？

　　当他的下属问他这个问题时，他是这样回答的："我清楚地知道自己没有高学历，也没有过硬的技术，我只有不断的奋斗，这样才能生存。"

　　这就是丰轩为什么能够在短短三年的时间内，在这家规模庞大、竞争激烈的物流公司里走到市场总监位置的原因。

　　什么样的出身决定什么样的付出。对于丰轩来说，家境的贫寒、责任的重大、低学历都成为他生存的一个障碍和困惑，但是他却能将这种生存的压

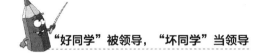

力和艰难当做前进和奋斗的动力，一步步地实现自己的梦想。

这靠的就是他不屈服于命运、不妥协于恶劣环境的勇气和执着。假如丰轩刚开始就被这种生存的压力压倒和击败，那么，他最终就不可能破茧成蝶，拥有现在的事业成果。

对于"坏"同学来说，大多都会面临像丰轩一样的难题和现状。为了生存他们没有向现实妥协和让步的本钱，也没有怨天尤人或者自暴自弃的资本，他们像草原上永不服输的狼一样，只能坚强地与现实环境做斗争，最终赢得属于自己的自由天地。

■ 羊："不着急，青草、树叶会口到食来。"

羊与狼生存环境的最大区别是羊的生存环境比较舒适，竞争压力小，青草对它们来说可谓是口到食来。所以，这就决定了羊在追求食物和生存条件的时候不需要太过奔波劳累，同时也塑造了羊微弱的竞争意识和拼搏斗志。

有些"好"同学就像羊一样，由于自身的生存环境比较轻松和容易，所以，在工作和生活中总是一种很随意的态度，渐渐地自己的竞争意识就变得很淡漠，思想也变得很懒散，最终失去对工作的热情和专注力，使自己的事业和梦想受到阻碍。

对于"好"同学来说，应该学会充分利用自身所拥有的一些优势资源和条件，发挥自己的特长和能力，将自己的专注力投入到工作中，逐步培养起自己的竞争意识和进取心。通过竞争不断地武装自己，使自己变得足够强大，这样，他们在事业上的道路将会变得更加宽阔、通畅、长远。

谢海出生在一个条件优越的家庭，全家经营的是一个家族企业，大学毕业后，谢海就被父母直接安排在自己的家族企业里了。

谢海攻读的硕士专业是行政管理，父母不愿意让谢海从那么辛苦的基层干起，直接在行政部门给他安排了一个职位，让他锻炼一下自己。

谢海就这样开始了自己的工作生涯。由于自己是董事长的孙子，在

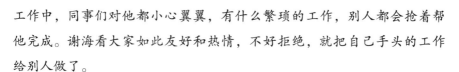

工作中，同事们对他都小心翼翼，有什么繁琐的工作，别人都会抢着帮他完成。谢海看大家如此友好和热情，不好拒绝，就把自己手头的工作给别人做了。

那么多空闲的时间谢海都在干什么呢？

谢海每天上网聊天，浏览网页或者看看视频，有时候还会借机溜出去找自己的一帮哥们玩儿。

在大概一年的时间内，谢海在自己的工作中没有实质性的进展和提升，基本的做事经验也没有积累。他原本的雄心壮志在这样的环境中渐渐地淡化，工作也没有了当初的热情和干劲。

他的父亲为了检验他是否有所长进，就给他拿了一个文件，让他快速地作出方案。谢海支支吾吾地完全说不到关键点上，父亲大怒，批评他是扶不起的阿斗。

但是，谢海对父亲的指责完全不当回事儿，依旧我行我素，随自己的性子肆意而为。两年过去了，谢海在这个职位上没有取得任何的进步和提升。

最近，爷爷宣布辞去董事长的职位，要求父亲接替董事长的职位，谢海看着原本的职位产生空缺，于是，就向父亲提出自己接替他职位的请求。

然而，父亲对他的能力很不信任，说道："你现在已经不是我以前眼中那个好胜、进取心强的儿子了，面对如此强大的市场竞争，我们怎么可以放心地把公司里的重要事务交给你呢？"

此时的谢海真正地领悟到自己的失误，可是这又能怪谁呢？只能怪自己太容易被轻松的环境所麻痹，忘记提升自己的重要性，要不然也不会沦落到现在如此尴尬的境地。

硕士毕业的谢海在大家眼中应该是一个比较有能力、有前途的"好"同学吧，但是为什么如今的现状会如此不堪？

究其原因还是他自身的心态决定的。谢海算是一个高学历的富二代了，这种优越的家境和身分让他身处于一种轻松的、没有任何压力的生活状态中，

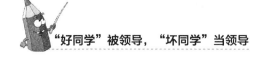

特别是在工作中，员工对他百般讨好，他没有一丝的压力。这就造成谢海竞争意识的淡薄，上进心的减弱，最终的结果就是工作热情减退，自身能力得不到提升。

假如谢海在刚开始的时候能够把增强自身的竞争意识作为一个重点，那么就不会被如此轻松的工作环境所麻痹，也不会使自己渐渐丧失奋斗的热情，最终在事业上得不到任何进展。所以，作为"好"同学，不应该因为自身所处的优越环境而松懈，将自己曾经的奋斗激情抛掷脑后。

刘岚是一家美资企业的公关部主管，其实这个公关部主管只是一个礼节性的称号，背后的内容只有刘岚自己清楚，因为公关部门只有她一个人，这个部门是否要发展下去还是一个问题。

刘岚毕业于上海一所知名高校，学的是商务英语，她在翻译这一方面特别在行，所以很容易就进入了这家大型的外企。当初大家看她这么容易就找到了待遇如此好的工作，很羡慕她。

刘岚最初的上司是一个美国人，刘岚的日常工作主要是负责一些文件翻译，不是汉译英，就是英译汉。尽管在他人看来工作比较枯燥乏味，但是刘岚对这个还算感兴趣，所以她的工作热情还是蛮高的。另外，由于她翻译水平相当高，深得上司的喜欢和信任，并在大会上多次表扬她。这些赞扬让刘岚在公司里出了不少风头，她也渐渐地放松了对自己的要求。

这种荣耀十足又异常轻松的工作维持了不到两年，上司的中文水平不断提高，基本的文件和日常交际已经可以应付了，同时公司里新招聘了更多的水平很高的业务经理，所以刘岚的职位基本上可以说是可有可无了。现在她不得不为自己的工作前途担忧起来。

公司最近做了一个新的人事调动，把刘岚调到其他部门，此时刘岚深深地感到自己前途未卜。主要是因为在这两年的时间内，她除了在翻译方面有所发展，在市场、业务、行政和人事方面的相关事务一点也不精通。现在公司里英语翻译水平高的人一抓一大把，刘岚的职业完全找不到确切的定位。

她没有想到就是因为如此轻松的环境，使自己在其他方面的业务能力完全没有提升，导致自己陷入现在没有退路的绝境中。

安逸的环境容易让人沉醉其中，也容易让人产生一种自我满足感和依赖感。"好"同学刘岚现在的工作状况和结局就完全验证了这个道理。

当刘岚看到自己在翻译方面的工作做得这么好，并深受上司欣赏的时候，就渐渐地松懈下来，热情也渐渐地消退下来了。就连上司问她是否想更换部门的时候，她还沉浸在这种轻松之中，不愿去其他部门，更没有在这段时间内学习其他方面的技能和知识，最终使自己找不到更加确切的事业发展定位。假如她当时能够不断地增强自己的实力和竞争力，也许就不会是这种状况了。

对于"好"同学来说，要切忌这种浮躁和散漫的态度，不论环境多么轻松，自身的条件多么优越，都应该不断地提升自己，增强竞争力，像"坏"同学那样不断地抗争，不断地用竞争的力量武装自己，只有这样才能使自己变得足够强大，立于不败之地。

■ PK 结果分析

- 狼的猎物是不断奔跑得来的，而且与其他对手争夺猎物是激烈的，时刻面临来自其他种族的抢夺和威胁。所以狼的生存环境是恶劣的、艰难的，这也就塑造了狼需要一种不断地与周遭环境做抗争的个性。"坏"同学就像狼一样，身处竞争激烈的社会中，只有像狼一样地去战斗、去抢夺，才能为自己的生活和发展谋得良机。

- 羊寻找的食物是"原地待命"的青草类植被，在草原上几乎随处可见，在觅食方面他们没有太多的压力和焦虑，也不必担心自己会被饿死。"好"同学就像羊一样，一般家境还不错，接受过正规教育，竞争起点要比"坏"同学好，这些看似优越的条件和环境，就像是草原上随时等待羊群垂青的青草一样，有时候会限制和阻碍"好"同学的发展，使他们身处安逸和满足中，最终成为井底之蛙，只能坐井观天。

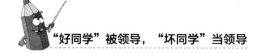

　　从两者的生存环境来看，"坏"同学面临的竞争和压力会更大，所以他们就要比别人付出更多的努力才能成功；而"好"同学在竞争环境中占据一定的优势，但是如果这种优势不能被"好"同学很好利用，只是安于现状，缺乏"坏"同学的抗争精神，反而会使"好"同学陷入不利的境地。

第二章

能怂："坏同学"是乞丐，"好同学"是慈善家

"坏"同学没有好成绩，没有高学历，没有外人看来好的素养，更没有亲戚、老师、同学们的好口碑……一无所有的他们在社会中不可能充当大慈大悲的观音菩萨，相比给予，他们更擅于索取。

并不是说无需给予，而是现实社会中很多人懂得给予却不懂得如何主动去索要，正如"会哭的孩子有奶吃"，"坏"同学往往有奶吃，然而，一派清高的"好"同学付出的也许比"坏"同学多，但所得到的往往不如"坏"同学那么丰厚。这是因为，"好"同学相比伸手索取，他们更擅于施舍，或者说享受去施舍的感觉。

Part 1 脸面的"丢"与"不丢"

■ 乞丐：出来混丐帮，早就把"脸"扔了

在大街上经常能看到乞丐，他们沿街乞讨，向路过的人索要金钱。乞丐向他人乞讨的时候没有付出任何的劳动或者其他的东西，只是放下了尊严，甘愿伸手向他人索要，此时，乞丐不顾脸面，不顾他人的眼神，只要达到自己的目的就行了。

每个家长都期望自己的孩子在上学的时候能有优异的成绩，如果自己的孩子不仅没有好的学习成绩，还经常搞各种恶作剧，家长肯定会很头疼。

这样的学生在大家的眼中也被称为"坏"学生，坏学生不听老师和家长的谆谆教导，肯定经常受到老师和家长的"炮轰"。

"你这次考试成绩怎么这么差，我都替你丢人呀。"

"老师又让我去学校，你在学校又做什么事情了，你怎么这么不让我省心呢。"

"因为你，这次班级没有评上优秀班级的称号，我要对你提出批评。"

不管是在家里还是在学校，"坏"同学经常听到这样的话，对于这种批评，"坏"同学早已经形成了"抗体"，这种批评对他们没有什么杀伤力，"坏"同学依旧是我行我素。在这种"风浪"中成长起来的"坏"同学"心理素质"很好，别人的冷嘲热讽对他基本没有什么作用，从这一点来看，"坏"同学的心理就像乞丐行乞时的心理一样，他们的心灵不像其他人那样脆弱，面子对他们来说也没有那么重要。

1890 年 9 月 9 日，山德士出生在美国的一个农庄家庭，因为家境不好，山德士只念到 6 年级就辍学了。

后来山德士决定出去找工作，因为没有什么特殊技能，只要能赚钱他都干，在几十年内他做过农场工人、粉刷工、消防员等等，终于在40岁的时候开了一家加油站。

在开加油站期间，山德士还做起了炸鸡生意，他做的炸鸡非常受欢迎，吃过的人都赞不绝口，甚至炸鸡生意已经好过加油站的生意，正当自己的餐厅生意火爆的时候，二战的发生将这一切都打破了。

山德士的店面倒闭之后，他又成为了一个名副其实的穷人，此时的山德士已经56岁了。为了摆脱生活的困境，山德士开始到处兜售自己做炸鸡的技术。

刚开始的时候，没人相信他，更没有人买，很多时候，山德士都是被人赶了出来，因为对方觉得这个老头是在浪费自己的时间。

即使这样，山德士也没有放弃，他相信自己的炸鸡技术，他并不理会这些拒绝自己的人，而是继续向别人推销炸鸡，这一推销就是两年，在这两年里，山德士被别人拒绝了1009次。就在第1010次的时候，对方答应了他的要求，这对山德士来说，确实是一个好的开始，从此之后，开始有越来越多的人接受山德士的炸鸡。

1952年，世界上第一家肯德基餐厅建立，五年之内，山德士就在美国及加拿大发展了400多家的连锁店。然而肯德基餐厅的发展并没有就此止步，而是像滚雪球一样越滚越大，继续在全世界开连锁店，如今，山德士本人的形象也为世界各地的人们所熟知。

山德士没上过什么学，没有引以为傲的学历，在推销炸鸡的过程中遭遇过一千多次的拒绝，这并不是每一个人都能承受的。因为在遭受拒绝的过程中，势必要面对他人的白眼和挖苦，遭受他人的拒绝是很没有面子的一件事情，何况是一千多次的拒绝，如果在遭受了几次拒绝之后，山德士也觉得很没有面子，不想继续下去了，那也就不会有后来著名的肯德基餐厅了。

"坏"同学因为没有高的学历，所以也没有可以炫耀的资本，在成长的道路上，也练就了"厚脸皮"的本领，所以，能在日后面对他人的"否定反馈"时，不会轻易打击到自己，这也让他们更容易成功。因为想要成功，势

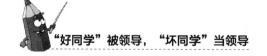

必要先经历很多次的失败，这也是经久不变的真理。

"坏"同学不在乎他人的看法，即使"丢人"也打击不到他们，必要的时候还可以"死皮赖脸"，只要能达到自己的目的，脸面也可以丢。拥有这种心理的"坏"同学，反而更适应职场的生活。

靖宇一直是个成绩很糟的"差生"，毕业之后无所事事，唯一知道自己对美发感兴趣，他觉得自己闲着也不是事，于是决定去一家美发店当学徒。

朋友知道了之后，都开始挖苦他："有没有搞错，你竟然去当学徒，在学校你可是'风云人物'呀，怎么甘心去当一个学徒，要是碰到认识的同学，你好意思吗？"

另一个朋友说："给别人理发有出路吗？每天站在那里累得要死，你能受得了吗？"

"肯定是三分钟热度，我们等着瞧吧，我敢打保票，过几天之后，他肯定就会忍不住约我们出来玩了。"

靖宇开玩笑地说："给别人理发怎么了，你们难道都不用理发吗？等哥们儿成大师级人物了，找我理发可是要预约的。"

靖宇找了一家当地规模最大的美发店做起了学徒，靖宇似乎对美发果然有点天赋，能根据顾客的脸型设计出适合的发型。他学的也很快，没过多久，就掌握了好几种发型的修剪方法。

这天，店里非常忙，老板也让靖宇帮助招待顾客，这是靖宇第一次真正为顾客剪头发，他还是有点紧张，为顾客剪好之后，终于长舒了一口气。

本想轻松一下的靖宇，没想到等待他的是顾客的抱怨："你怎么给我剪成这样了，我要的不是这种发型，你会不会剪呀，不会剪的话就别在这里祸害人了，该干什么就干什么去吧。"店里顿时安静下来了，所有的人都朝这边看。

店长见状，赶紧向顾客道歉，然后又叫了一名有经验的理发师给这位顾客修剪。

面对大家的嘲笑，靖宇并没有觉得很丢人，反而告诫自己："看来我的技术还是要多进步才行啊，不然这些顾客可不是好伺候的，一个个都跟皇太后似的。"

靖宇学习得更努力了，不断地揣摩各种修剪技术，以及不同脸型适合什么样的发型。没过多久，靖宇就开始正式单独接待顾客了。他的剪发技术越来越高，并且不断得到顾客的好评。到后来，有很多顾客来这个店点名找靖宇给自己剪头发。

靖宇逐渐从一个学徒成为店里的顶梁柱了。当名气越来越大之后，靖宇自己开了一家理发店，又是理发师又是老板的他，每天忙得不亦乐乎。

靖宇是大家眼中的"坏"同学，就是这样一名"坏"同学甘愿从一名学徒做起，就像靖宇朋友们的想法一样，当学徒终究不是一件"值得炫耀"的事情，所以很多人不屑于去做学徒。可是，靖宇并不在乎他人的想法，别人爱怎么说是别人的事情。

当客人当着全店的人训斥靖宇的时候，此时靖宇是非常没有面子的，谁也不希望自己当众被批评，可是，他并没有从此"消沉"，也并没有因此就不敢给客人剪头发，而是用非常放松和幽默的态度来对待，这件事反而促使他更加努力地学习理发，"坏"同学经过"千锤百炼"，心理素质已经调整得很好，能拥有这样的心理素质，靖宇成为公认的好理发师并当起了老板也是顺理成章的事情。

■ 慈善家：什么都可以丢，就是脸面不能丢

在社会上，慈善家是什么样的形象呢？他们是帮助他人的"活菩萨"，是慈悲的化身，是善良、乐于助人的代名词。慈善家也希望自己在他人心目中永远都是这样的美好形象，所以就会更在意自己的社会形象。

"好"同学拥有和慈善家一样的心理：注重形象，好面子。这面子是长期累积起来的，在"好"同学成长过程中，因为学习好，就成为德智体全面发

展的全才，而被人赞扬也成了情理之中的事情，这也成了"好"同学一直在期盼的结果。

一些成功的企业家或者大老板，在自己的发展过程中都经历过很多的打击和困难，这打击中肯定有他人的"白眼和不屑"，他们最后能发展成领导，也是因为对这些"白眼和不屑"的不在乎。

如果"好"同学遇到了非常丢脸的事情会是什么反应呢？首先，"好"同学会尽量减少让这种事情发生的机会；其次，一旦发生了，就会沮丧不振，甚至不想再去尝试。基于这些原因，"好"同学向领导发展，总是困难重重。

杰克是哈佛大学的优秀生，可是不巧的是，杰克毕业的时候正好赶上美国经济的大萧条，工作非常难找，很多公司不仅不招人还大批地裁人。杰克一时不知道该怎么办才好。

正当杰克找不到出路的时候，他的一个朋友推荐他到自己的保险公司做推销员，杰克非常诧异地说："开什么玩笑，我可是哈佛大学的毕业生，怎么能每天去求别人买保险呢。"

因为工作难找，许多人都选择先就业再择业，只有这样才能首先把生计问题解决了，所以即使是哈佛大学的毕业生有一些也选择了一些"小"职位的工作，而杰克仍在寻找有面子的工作。

杰克学的是金融专业，这曾经让很多亲朋好友都羡慕不已，杰克在上学的时候已经开始幻想自己将来能在华尔街的写字楼里风光地工作。于是，他不能容忍自己去做一份"小"工作，这样太没面子了，怎么面对当时那些亲朋好友呢？

杰克的一个同学在一家小公司当会计，见杰克仍没有工作，就推荐杰克到自己的公司上班，可是杰克始终不能说服自己去那里，便拒绝了朋友的邀请。

渐渐的，杰克周围的同学都找到了工作，虽然工作并不是很理想，但是大家都开始在自己的职位上慢慢有了起色，收入也开始慢慢增加，只有杰克还在寻找着有面子的工作……

哈佛是全世界有名的大学，在这里上学的学生们也都被认为应该是有所作为的人，这也正是杰克的想法，所以他不能容忍自己在毕业的时候去选择一家小公司上班，摆在眼前的很多条道路都被杰克封死了，因为顾及面子，可以选择的机会变得越来越少，反而错失了很多的机会，这就是面子带来的副作用。

也有很多"好"同学在就业的时候第一个考虑的并不是这个工作所能给自己带来的机会，也不是这个行业是不是能赚钱，而是先考虑这个工作是不是能给自己带来面子，所以"好"同学往往因为面子的问题而失去了很多的机会。

工作不分卑贱，很多成功的人士最初也是从事一份小工作，有的是从最基层开始做起，有的是先给别人打工，然后自己成为了老板，一步登天，一鸣惊人的少之又少，如果在选择的时候顾及面子会葬送很多机会。

"好"同学非常在意面子，这已经成为他们的心理模式，所以他们不仅在选择工作的时候因顾及面子而错失良机，在进入职场之后同样也会因为面子问题而失去很多的发展机会。

晓天，一直学习成绩很好，也顺理成章地考上了名牌的大学，大学毕业之后成为一名记者。

这天，接到上级的任务，要让晓天去采访一位非常有名望的经济人物。为了采访能顺利，晓天很早就开始做功课，了解这位经济人物的所有经历。然后，晓天信心满满的去了。

到了被采访人的公司之后，没想到遭到了对方的拒绝，理由是如果接受了采访，就会有很多的记者涌入，这会妨碍他的工作。

本想好好表现一番的晓天遭受了打击，这回去要怎么交差呢？上级肯定会觉得自己没有能力才被拒绝采访的。

为了采访到那个人，晓天决定再试一次，可是结果和第一次一样，晓天被赶了出来。晓天这次是彻底绝望了。

晓天想："我是刚进入电视台的新人，如果没有好好地完成任务，该怎么面对同事，该怎么面对领导呢？"

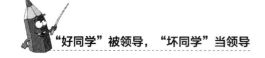

晓天顶着这样的压力回到公司，虽然领导并没有责怪她，但是自己却觉得非常没有面子，以后，领导再安排采访任务，晓天都不愿积极地接应，而是接一些没有任何挑战性的社会新闻。

其实，那位非常有名望的人物本来就很难采访，之前也有很多有资历的老记者都没有采访成功。领导让晓天去采访也是让她去碰碰运气，再加上晓天刚进入电视台，不能及时给她安排采访任务，所以让她再去磨一下这位不接受采访的人物。对方不接受采访也是领导预料之中的事情。

可是，很明显，这件事情在晓天的心中造成了阴影，名牌大学毕业的高材生刚去采访就遭受失败，这让她始终耿耿于怀。

自从这件事之后，晓天对于大的采访都没有信心，总是害怕自己搞砸，就随遇而安地做一些小的采访，也不会出什么差错，即使出差错也没有人注意，所以今天晓天还是一名小记者。与她一起进入电视台的记者，因为成功地采访了很多重要的新闻人物，所以也就逐渐地担任起了挑大梁的工作，自然也就慢慢地开始被提拔。

"好"同学因为一直在他人的掌声和鲜花中成长，好面子，不能容忍自己的一点小失败，在上学的时候，只要拿到好的成绩就会受到他人的羡慕和赞扬。但是工作后却不一样，工作并不像上学那样简单，工作中需要处理的事情有很多，一两次的失败是很正常的，尤其是对刚进入职场的新人来说更是如此，甚至面对更多的失败也是有可能的。

对于"好"同学来说，失败就等于失了面子，而"好"同学又不能容忍自己在别人眼中有失败的形象。忍受不了自己失面子，唯一的办法就是躲避挑战，这样虽然不会有失败，但是也永远不可能成功。

案例中的晓天就是这样，因为一直是大家眼中的成功者，所以她不能容忍自己遭受被采访人拒绝的失败，所以干脆去做一些没有任何挑战性的采访，这样的采访很好完成，但是却很难取得进步，所以她就一直是一位名不见经传的小记者。

▧ PK 结果分析

- "好"同学好面子，所以会失去很多发展的机会；"坏"同学无视面子，所以有了更多发展和成功的机会。

- "好"同学好面子，所以害怕失败；"坏"同学无视面子，所以能承受失败。

- "好"同学好面子，所以害怕别人的批评；"坏"同学无视面子，所以能接受别人的批评。

　　成为领导的人无疑是成功人士，而在成功之前就必须要经受住失败和别人的批评，也必须要抓住稍纵即逝的各种机会，所以"坏"同学具备当领导的素质。

Part 2　得与失

▧ 乞丐：光脚不怕穿鞋的

　　乞丐一无所有，正是因为这样，所以也没有什么好失去的。如果这个时候，碰到了一个机会的话。既然没有什么好失去的，还不如放手一搏，如果赢了，那就是赚了，如果输了，那也不过是回到原点。

　　就像历史上很多农民起义一样，因为一无所有，或者横竖都是死，所以还不如发起抵抗，如果成功了，就做自己的领袖，如果失败了大不了就是一死，怕什么呢？很多农民起义就是这样揭竿而起的。

　　"坏"同学没有高学历，没有别人的期待，没有高起点，从某种角度来说，"坏"同学就像乞丐一样，拥有的很少。没有什么可以失去的，在放手一搏的时候就无所顾忌，这样反而更容易成功。

　　有很多后来成功的企业家最开始的时候也是一无所有，由白手起家到后来的身价百万，回过头再看，不得不感谢当时的无所顾忌，放手一搏。

王永庆被称为台湾的"经营之神"，这位"经营之神"最开始的创业资金竟是从父亲那里借来的200元钱。

王永庆小的时候，全家都靠着种茶的微薄收入生活，王永庆在15岁小学毕业之后，便不再继续上学，早早离开校园的王永庆在一家小米店当学徒。

当了一年学徒之后，王永庆决定自己也开一家小米店。可是小小年纪的王永庆并没有开店的资本，于是从父亲那里借来了200元钱作为开店的资金。这200元钱也是父亲从别人那里借来的，如果失败也就是失去这200元钱，如果生意好了还能帮家里解决些生计问题。

经营米店生意好了之后，王永庆又开办了一家碾米厂，通过碾米厂的生意，王永庆积累了一点积蓄。在抗日战争之后，王永庆又发现了木材生意有好的发展势头，于是又决定投资木材行业，这也让王永庆赚取了一定的财富。当他人都挤进木材行业的时候，王永庆又看准了塑胶行业。

虽然台湾急需塑胶工业的发展，但是由于日本塑胶行业的发展已经很成熟，所以即使是台湾非常有名望的企业家都不敢投资，当时的王永庆虽然有一定的积蓄，但是和大企业家相比，仍是一名普通的商人。

就在此时，王永庆经过考察之后，决定投资塑胶产业，这让王永庆的朋友们大吃一惊，他们纷纷劝说王永庆：这是一个大错特错的决定。可是王永庆态度坚决，仍旧决定投资，于是筹集了50万美元建厂。

塑胶投入生产之后并不顺利，当积压的产品销售不出去的时候，王永庆依然下令加大生产，在合伙人退出的情形下，王永庆变卖了所有的家产将公司的产权买了下来，经过研究和考察，王永庆降低生产成本，降低产品价格，最终，塑胶的销量一路高升，王永庆成功了。

王永庆没有受过高等教育，没有高的学历，在16岁的时候就开始为维持生计而创业，当时自己的家庭穷得连200元的启动资金都没有，在这样的情况下，对于王永庆来说反正是一无所有，还不如放手一搏，结果也许会有不同，王永庆不怕失败的态度让他尝到了因敢于尝试而获得成功的滋味。

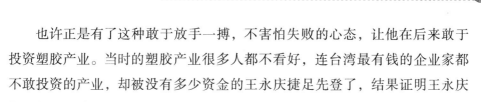

也许正是有了这种敢于放手一搏，不害怕失败的心态，让他在后来敢于投资塑胶产业。当时的塑胶产业很多人都不看好，连台湾最有钱的企业家都不敢投资的产业，却被没有多少资金的王永庆捷足先登了，结果证明王永庆的选择是正确的。

如果别人对你有很高的期望，证明你有很大的潜力，这是别人对你价值的肯定，每个人都期望得到别人对自己能力的肯定，不过有时，这种期望也会是一种压力，当背负着这种压力的时候，一个人做事情也会束手束脚，害怕失败或者害怕做不好的时候，会让他人失望，越是这样想越不敢放手一搏，也就很难成功。

"坏"同学的成绩不好，从一开始，周围的人对"坏"同学就没有过高的期望，这个时候，"坏"同学反而会一身轻松，既然这样，想怎么干都可以，如果成功了就是惊喜，如果没有成功也是正常，所以，这也让"坏"同学更敢于尝试，敢于走不同寻常的道路，这样也更容易成功，最终成为领导他人的人。

吴东的父亲是当地有名的企业家，但吴东从小并不愿接受父亲的安排学习经商，很早就辍学了。为此，父亲并没有给他一点资助，就连最基本的生活费，都没有给他。

其实吴东只是一个不喜欢学习，而喜欢个性十足的装扮的孩子而已，所以他平时的时间就用在了装扮自己上，所看的书也都是跟时尚有关的杂志。

就在全家人都不看好吴东的未来时，离开校园的吴东决定去学习化妆和造型设计，这在父母眼里不是什么体面的事情，但是吴东只对这件事情感兴趣，他坚持要去学习。

因为这是吴东的兴趣，所以他学习得非常快，没多久就懂了很多。两年之后，吴东从化妆学校毕业了，此时，他做出了一个决定：要开办一家专为别人做造型的公司。

家人听到他这个决定之后表示反对："开办公司可不是闹着玩的，你可别指望家里为你出资金"，"你年纪这么小，根本还不懂如何去经营一

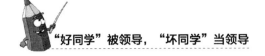

家公司，失败的可能性很大。"

面对家人的反对，吴东说："正是因为年纪小，我才不怕失败呀。我也没有指望借助家人的资助，如果失败了就从头再来呗，大不了就是回到原点。"

抱着这样的心态，吴东从朋友那里筹集来了开办公司的启动资金，因为吴东的手艺非常好，所以他接到了很多的活，当地的电视台和一些时尚活动等等都来找吴东，吴东在当地渐渐有了名气，公司也被很多人知道了，就这样，吴东的公司越做越红火，甚至后来还有很多人慕名来拜师学艺。

吴东从一个父母眼中不学无术的孩子成为今天的一个大公司老板，取得这样的成就让吴东的父母大吃一惊。

吴东是大家眼中典型的"坏"同学，没有爸妈的期望，没有高学历，所以不害怕失去。当身上没有背负过多的包袱时，就敢走别人不敢走的路。

敢于拼搏的人不是不知道会面临失败；而是不畏惧失败；不是不知道失败了也会失去很多，而是不害怕失去，或者本来也没有什么可以失去的，最多就是回到原来的起点。

很多后来成为领导的人都是敢于吃螃蟹的人，因为能承受别人不能承受的"失去"，所以也能得到别人所没有的"得到"。况且能成为领导的人也要承受别人不能承受的很多风险，有风险也意味着很有可能就会失去，所以，不管从哪一个角度说，"坏"同学都比较符合领导者的品质。

■ 慈善家：失不起，绝不做冲动之举

慈善家肯定拥有很多的金钱，拥有很高的名望，就像社会上很多人取得成就之后，就开始用金钱帮助一些需要帮助的人。在这样一种高度，做起事情来也会更谨慎，因为时刻要考虑到自己的得失。慈善家的得和失包括很多方面，比如金钱，比如社会名望，比如地位等等。

因为已经拥有的太多，就会害怕失去。如果从一个最高点跌到最低点，

会摔得很惨，很多"好"同学正是因为承受不了这样的落差才不敢放手一搏。

而成功总是伴随着风险，因为不能保证最好的结果，所以就会患得患失。害怕如果失败了就没有现在所拥有的，因为担心失去，所以也不敢放手一搏。

做一件事情的时候，谁也说不准结果如何，有可能成功，也有可能失败，失败会伴随着失去很多东西。"好"同学就像慈善家一样拥有很多的东西，"好"同学拥有高学历，高学历会让他找到一个好工作，得到好工作就会拼命地守住这个工作，所以很多时候，"好"同学都宁愿为别人做事情，接受别人领导。

迈克是耶鲁大学的毕业生，在学校学的是经济学，毕业之后，迈克找了一份令人羡慕的工作，成为一家投资银行的分析师，这份工作不仅风光体面，收入也很高。迈克也很满足，认真地做着他的分析师工作。

就在迈克一心地做着他的分析师的时候，迈克的一个朋友决定开始自己的创业之路，此时，他的同学想邀请迈克一起来创业，也就是让迈克当自己的合伙人。

迈克对朋友说："创业要冒很大的险，况且你又没有十足的把握，我要是把现在的工作辞了和你一起创业，如果成功了还好，如果失败了，我岂不是鸡飞蛋打了吗，我还是老老实实地做我的分析师吧，只要不遇到经济危机，只要公司不倒闭，我就可以安稳地衣食无忧。"

朋友见迈克态度坚决，也就不再劝他了。

迈克仍旧每天朝九晚五地做着投资银行的分析师，这天下班，迈克遇到了自己曾经的一位同事，当年这个同事辞职自立门户成立了一家公司。同事对迈克说："嗨，迈克，知道吗，我现在比以前开心多了，自己管理一个公司，可以实现我更大的梦想，也发挥我更大的价值，比以前在公司做一个小职员感觉好多了，难道你就没有想过自己创业吗，你条件这么好，还是名牌大学毕业的学生，如果创业肯定比我要好很多。难道你想一直做一名员工吗？"

迈克听了之后有点动心，但是仍旧不敢放弃现在拥有的一切，他对同事说："我觉得做一个职员也没有什么不好，每天只要做好自己的事情就好，就有工资可以拿，有什么不好呢？创业我没想过。"

听到这番话，同事也不再说什么了。

又过了一段时间，迈克见到了曾经劝他一起创业的那位朋友，朋友说："嗨，迈克，最近还好吗？我的公司刚刚步入正轨，忙得我日夜颠倒。"

同学成功地有了自己的公司，当起了老板，迈克还是每天上下班地做着投资银行的分析师的工作。

迈克的条件非常好，毕业于世界名牌大学，无疑是一名好学生，好学生迈克拥有很多令人羡慕的资本和条件：高学历，好工作，高收入。也正是这些条件，束缚住了迈克，让迈克不敢放手一搏，不敢像他的朋友那样重新开始。

创业不能保证一定会成功，所以迈克患得患失，干脆不让自己有失败的机会，也就不敢尝试，在迈克看来，做一名分析师可以保证安稳的生活，所以当迈克的同事当起了老板时，迈克还在原来的工作岗位上工作；当迈克的朋友拥有了自己的公司时，迈克仍是一名职员。

很多"好"同学就像迈克一样，本身拥有很多的资本，或者一开始就在很高的起点上，拥有这些条件，本身是好的事情，可是如果让这些事情束缚住了自己，也会变成自己前进的绊脚石。

王克学的是金融，但是他很早的时候就对心理学非常感兴趣，也立志一定要开一家心理咨询室，自己做老板，然后聘用专业的心理学人士来工作。为了早日实现这个愿望，王克准备到大城市先捞金，赚取一定的积蓄，然后再去实现自己的梦想。

来到深圳之后，因为王克拿着名牌大学的高学历，他很快就在一家贸易公司就职了，王克的业务成绩非常好，报酬也日渐丰厚，不到一年的时间，王克就买了一套房子，这在寸土寸金的深圳来说，能拥有一套自己的房子，无疑是令人羡慕的。

此时，王克想再工作一段时间，等积蓄差不多了，就辞掉工作去实现自己的梦想。又过了一年，王克的积蓄已经可以作为启动资金来创业了，可是此时，他的一些朋友开始劝他说："你现在的工作多好呀，你知道很多同学都羡慕你呢"。"你去创业了，你又没有创业的经验，况且是你完全没有接触过的领域，成功的可能性非常小。"

听了朋友们的劝说之后，王克也开始关注一些心理咨询室的运营状况和目前的现状，在他了解了之后，发现也有些像他一样抱着对心理感兴趣的态度然后去经营一家心理咨询室，最后赔得血本无归的情况。

一直坚定的王克动摇了，他开始想："如果赔了，说不定连房子都要卖了，自己几年的积蓄也要打水漂了，到时候该怎么办呢？"

这么想了之后，王克逐渐放弃了辞职的念头，慢慢把自己多年的梦想也搁置在一旁，继续从事贸易公司的工作。

一天下午，王克碰到自己多年未见的朋友，朋友说："我记得你一直想开一家自己的心理咨询室，依你现在的条件，完全有资本去实现你的梦想了呀，准备什么时候开始呢？我可是一直等着你给我递上你大老板的名片呢。"

王克无奈地说："暂时先不说了，等到我赔得起的时候再说吧。"

王克也是典型的"好"同学，"好"同学也许是幸运的，总是比别人拥有得更多，王克更是十足的幸运儿，能在毕业没多久就能拥有自己的房子，在竞争如此激烈的社会，拥有自己的立足之地，的确是可喜可贺的事情。可是，好的事情也有坏的一面，那就是想继续拥有这美好的一切，从此再也没有机会实现自己人生的梦想。

如果王克去开创心理咨询室，有可能成功，也有可能失败，王克看重的是如果失败了怎么办呢？结果就是赔掉自己的积蓄，说不定连房子都要赔掉，王克想到这样的结果，就退缩了。不知道王克说的"到时候"是多久以后，但是现在的事实是，王克仍旧是一家贸易公司的职员，这样很有安全感，因为有固定的收入，所以不用担心没有退路。但是王克却再也没有机会去创建一家心理咨询室了。

■ PK 结果分析

• "好"同学拥有高的学历，高的学历会找到好的工作，但有时候这些条件会成为"好"同学继续发展的阻碍；"坏"同学没有高的学历，所以只能从头开始，更容易通过创业来发展自己。

• "好"同学被寄予高的期望，高的期望让"好"同学害怕失败，也很难有新的尝试；"坏"同学破罐子可以破摔，反而有成功的可能。

    领导他人的人都是敢于承担风险的人，也是敢于尝试的人，所以"坏"同学更容易成为领导。

Part 3 金钱的调调儿

■ 乞丐：没有钱是万万不能的

经常听到这样一句话"金钱不是万能的，但是没有金钱却是万万不能的"。从现实情况来看，没有钱的确是万万不能的，离开金钱很难生存下去。

乞丐正是因为生存不下去了才出来行乞，所以他们行乞的目标很明确，那就是得到越来越多的金钱，让他们活下去。

"坏"同学不喜欢学习，更喜欢外面的世界，所以他们会更早地接触社会，在接触社会的过程中，因为他们没有优越的条件，所以有时候不得不从事很辛苦的工作，只有这样才能换来收入。情况恶劣的时候，他们可能也体会过没有工作的时刻，没有工作就没有收入，此时会更明白金钱的重要性，不管是哪种情况，"坏"同学都会更早地明白一个现实：没有钱是万万不能的。

"坏"同学从上学的时候开始就没有可以清高的资本，所以他们也不会排斥对金钱的需要，也不会否认金钱的重要，所以他们也会想尽办法赚取更多的金钱。

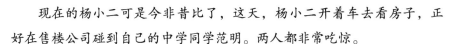

　　现在的杨小二可是今非昔比了，这天，杨小二开着车去看房子，正好在售楼公司碰到自己的中学同学范明。两人都非常吃惊。

　　杨小二说："真没想到在这里遇见你，你大学都毕业了吧。"

　　范明说："是呀，大学学的是市场营销，一时找不到合适的工作，觉得卖楼也挺能锻炼人的，于是就找了这份工作。"

　　杨小二说："初中毕业之后我就不上学了，高中三年，大学四年，咱都有七八年没见面了。"

　　范明说："是呀，你现在做什么呀，车都开上了，不错嘛。"

　　杨小二："这两年好了，现在有两家酒店，前几年的时候真是辛苦呀，从学校出来之后，什么都不会，也找不到工作，于是我就想既然没人要我，我就自己做，于是开始卖盒饭，那段时间过得很辛苦，当时我就想一定要成为有钱人，过上好生活，于是就很努力地送盒饭。"

　　范明："送盒饭也能发展两家酒店，你挺有能耐呀。"

　　杨小二："因为我每天起早贪黑地送盒饭，两年之后我就有了一点积蓄，然后开始经营一家小饭店，我到处找人找关系来拉顾客，我也使出浑身解数来跟他们拉近距离，这样就有很多顾客都成为了回头客，生意也变得火爆起来。"

　　范明："只是一家小饭店，你也这么用心地去找顾客，你可真是个财迷，真是服了你了。"

　　杨小二："那没办法，只有有了顾客才能赚钱呀，因为饭店生意很好，所以两年之后我就可以有更大的发展了，我想要赚大钱必须要做大生意，所以就有了经营酒店的想法，那时候我就向亲朋好友借了点钱，然后加上自己的积蓄，接手了一家酒店。也像我在小饭店的时候一样，想尽办法让顾客满意，所以生意也一直很好，到去年的时候，我就又接了一家酒店。"

　　范明："你可真不忌讳说出自己对金钱的痴迷呀。"

　　杨小二："我觉得没什么，我这是光明正大地做生意，做生意不就是想尽办法赚钱嘛！"

　　等杨小二走后，范明感叹：想当初那个还抄自己作业的坏学生，如今已经成为两家酒店的老总，真是世事难料呀。

杨小二没有好条件找到好工作，所以只能从最低点做起，既然是体力活就少不了会很辛苦，杨小二经历这一切之后，深切地体会到没有金钱是万万不能的。没有金钱就会受苦，没有钱就不能过上好生活，所以就从最底层向上爬。

在开始经营自己的生意之后，为了拉拢顾客，杨小二也会通过各种办法使自己与顾客成为"朋友"，来赚取回头客。不论是在开小饭馆时期，还是成为酒店的老总之后，杨小二都不会端着架子去表现一种"清高"的身价，他从不回避自己对金钱的态度，也只有赚钱才能经营好酒店，也才能做好酒店的老板。

刘萧毕业于三流大学，他知道自己很难迈进大公司的门槛，于是就入职一家小型拓展训练公司。

入职公司营销部之后，刘萧就开始跑业务、找顾客。刘萧知道为公司创造效益就必须要接大公司的单子。怎么才能让大公司来自己公司做拓展训练呢？

正当刘萧为找不到客户焦虑的时候，突然想到自己的同学小陈的爸爸是开大公司的，刘萧想："何不近水楼台先得月呢？"

于是，刘萧约同学的爸爸出来吃饭，开始向陈爸爸介绍自己的公司："叔叔，现在都讲究团队精神，有时候领导费了很多口舌给员工灌输这样的思想，效果还是不好，我们的公司就是通过拓展训练让员工自觉具有凝聚力，而且拓展训练让员工印象深刻，比空口说教强多了。"

陈爸爸："呵呵，要是我找你们公司做拓展训练，你是不是就会得到提成了呀。"

刘萧："叔叔真是取笑我了，我现在的确是找不到像叔叔这样的大客户，就当叔叔是帮我一个忙了。我感激不尽。"

陈爸爸笑着说："就当是助你事业起步了。"

就这样，刘萧得到了一个大单子，不仅为公司创造了很多利润，自己也得到了不少提成。后来他通过小陈的爸爸又认识了不少商界人士，他也用类似的方法拿到了不少的订单，很快，刘萧被提升为营销总监，此时的刘萧已经拥有了很广的人脉，因为业绩突出，又被提升为销售部经理。

这时，刘萧听到营销部的同事在议论："还不是通过关系找来的客户，又不是自己的真本事，凭什么被升职呀。"

另一同事说："就是，找熟人请客吃饭，这跟花钱买来的客户有什么区别呀，我要是认识大老板，我岂不是也成为销售经理了。"

刘萧听到同事这样议论自己，并没有说什么，他想只有自己知道自己的付出和经历，自己只不过是用适当的方法来实现自己的目的，他觉得这没什么不合适的。

在刘萧工作上遇到挫折时，刘萧向陈爸爸坦言自己需要帮助，虽然这样的帮助是双赢的，但刘萧仍不避讳说自己的确找不到客户，并不会觉得这样做就是取悦别人，委屈自己，也并没有掉架子的感觉。

刘萧请客户吃饭也是付出了金钱，但是刘萧觉得这是与客户拉近距离的一种必要方式，市场上有很多拓展公司，客户凭什么要去你的公司做拓展训练呢，所以为了获得更多的人脉，刘萧并不觉得自己的方式有什么不妥。

当刘萧被陈爸爸问及是否拉到客户就有提成的问题时，刘萧也丝毫不避讳这个问题，也并不觉得有什么不可面对的，这本就是一个存在的事实，没有什么可怀疑和否定的。

当被同事否定的时候，刘萧同样不认为自己的金钱观有什么可羞耻的地方，所以也内心坦荡地接受了销售部经理的任命。

■ 慈善家：金钱乃世间一俗物

慈善家把自己的钱拿出来帮助需要帮助的人，而不是把金钱藏起来只为自己吃喝玩乐，不做守财奴的慈善家将帮助别人视为大道和大义，认为金钱只是身外之物，所以不会将金钱放在第一位。

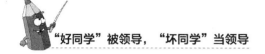

"好"同学从小学习好，被别人羡慕和敬仰，一直都是被别人追着走，在这样的环境中成长起来的"好"同学，已经养成了一种优越感，拥有这样的优越感是"好"同学的资本，但是有时也成为他们发展的障碍。

从另一方面来讲，"好"同学通过自己的努力取得了好成绩，通过自己的努力获得了高学历，也通过自己的努力争取到了一份工作，这样的经历让他们鄙视那些通过金钱来获取东西的人，所以"好"同学不屑屈服于金钱，他们甚至认为金钱是肮脏的东西。

"好"同学对待金钱的态度与慈善家看待金钱的观点如出一辙。不论是因为习惯了高高在上的优越感，还是养成了对金钱嗤之以鼻的清高心态，都让"好"同学在遇到事情的时候不屑于求助他人，因为他们已经习惯成为施舍者。

在步入社会以后，每个人都会经历各种各样的困难和挫折，都不会一直一帆风顺，"好"同学也不例外，在这个过程中，不可避免要出现很多需要金钱来解决的事情，但是"好"同学清高的自尊心让他们很难转变自己的角色去向他人"乞讨"，因为这会让他们感觉自己的价值受到了威胁，清高的"好"同学也会因此失去很多机会。

王娜是一个文静的女生，从中文系毕业之后，她也开始四处忙着找工作，可是因为这个专业并不太好找工作，王娜在碰了很多次壁之后，只能很委屈地在一家小公司工作。

一天，王娜见到了自己的同班同学，同学知道了王娜的情况之后，对王娜说："王娜，你怎么能在这么小的公司工作呢？你当初在班里可是优等生啊，大家都很看好你的，在这样的小公司有什么前途呀。"

王娜有点无奈地说："公司规模是不大，可是工作很难找，我又没有什么经验，等我积累一定的经验之后就找一个大的公司去上班。"

同学说："你知道吗，我们班那个捣蛋鬼王强竟然开了一家公司，现在自己都当上老板了。"

王娜有点鄙视地说："还不是靠自己的老爸有钱，要是凭他自己哪有这么大本事呀。"

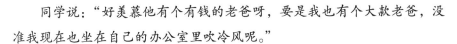

同学说："好美慕他有个有钱的老爸呀，要是我也有个大款老爸，没准我现在也坐在自己的办公室里吹冷风呢。"

王娜："我才不美慕呢，我要靠自己的能力去奋斗，谁也不求。"

同学说："可是你看现在竞争这么激烈，如何才能奋斗出头啊。还是当老板好呀，每天开着自己的车上班，多牛呀。我也想创业，最近我正打算借我朋友钱筹备资金呢。"

王娜："当老板就那么好吗，不就是钱多点吗？与其求别人来帮助自己，我宁愿自己辛苦一点，这样谁的脸色也不用看。"

同学："看来你跟我们不在一个阶级呀，难道是我们太庸俗了？"

王娜是做惯了好学生，没想到出了校门之后碰了这么多壁，于是只能退而求其次在一家小公司，做起了小职员，从她的对话中就能看出她的价值观。在王娜眼里，一切靠着他人的力量取得的成就都是不足挂齿的，更是没有什么好羡慕的，而且依靠他人的力量中最不可取的就是依靠他人的金钱。

王娜觉得依靠他人的金钱就意味着自己没有能力，就意味着要看他人的脸色，就意味着没有了可以炫耀的资本，所以王娜宁愿自己做一个小职员也不会去求别人来帮助自己。

刚毕业的学生很少能靠自己的力量去创业的，如果能借助他人的力量来帮助自己，这也没有什么不好，也称不上庸俗，只是这与王娜的价值观出现了矛盾。谁让王娜一开始就是一个清高的好学生呢。

很多"好"同学和王娜持有一样的观点，如果让他们去施舍别人还可以，想要让他们去乞求别人，这简直触及到了他们的底线。这样的想法让他们在发展的道路上举步维艰。

高严从小就学习美术，长大后顺理成章地考上了美术学院，在大家眼里，高严是非常有才华也非常有灵气的男孩。他从美术学院毕业之后，被一家大的广告公司聘用，成为这家广告公司的员工。

进入广告公司之后，高严被分到一个策划小组里做广告策划。一天，总监对高严说："你的专业水平比较高，下班后，你陪这位客户吃饭，多给客户讲讲我们公司的业务，哦，对了，顺便送他点小礼品，让他能对我们产生好印象，以后多跟我们公司合作。"

高严："要给客户讲我们公司的业务，在公司就可以讲呀，为什么非要去吃饭。"

总监："吃饭的时候讲比较容易拉近距离嘛，客户都是这样培养出来的，距离一拉近，他有业务自然就会想起我们公司了，我们付出的也不多，但是收获会很大。"

高严："我们公司不用这样拉客户吧。凭我们的实力就可以吸引客户呀，我相信自己的能力。"

总监："现在竞争很激烈，何况是这样的大客户，很多广告公司都在抢，我们不能坐以待毙。"

高严："我觉得我们不用花这样的钱去求着客户来我们公司做广告，客户如果对我们做出的广告作品满意，会来求着我们做的，我们何必要花费这样的冤枉钱去款待客户呢。"

总监："你不要对自己太自信了，虽然你的专业水平是很高，但是毕竟是刚进入这个圈子，不要忘了我们是靠客户生存，所以我们要时刻关注客户的想法，这样才能拴住客户。"

高严："我不想这样低三下四地去求客户多与我们公司合作。"

总监见高严这样说，也就不再强求他了，就要求另一名职员去。那位职员很配合总监的要求和意愿，而且跟客户相处得也很愉快。

渐渐的，只要有陪客户的事情，总监就让那位职员去，这位职员也学会了怎么与客户打交道，跟许多客户都成为了"熟人"和"朋友"，为公司拉了许多的回头客，给公司带来了很多利润，这位职员的职位也一升再升。

后来，这位职员成了高严的上司，而高严还在原来的岗位上做着广告策划。

高严的广告策划能力很强，但是始终都是公司一个小组里的一员，从未有过升职，这显然跟专业能力没有太大关系，而是缘于高严一贯清高的作风。

在高严看来，陪客户吃饭和送客户礼物就是用金钱在乞讨客户，用低姿态取悦客户，以便让客户能多与自己的公司合作，这显然有悖于高严的价值观，所以高严不屑这样做。对高严来说，任何掺杂金钱的交易都是不好的，而自己又是如此地高高在上，怎么可能放下架子去求别人呢。

高严的想法和总监的观点出现了矛盾，到底谁对谁错呢？一个公司想要发展自然要与客户保持良好的关系，所以总监的想法并没有错；可是高严也有他自己的一套理论，那就是凭自己的实力去吸引客户，这样的想法似乎也没有错，但从事实的结果来看，高严的想法只会让他成为一名员工，而不会成为领导，因为领导知道在适当的时候用适当的方法与他人发展良好的人脉关系以便让公司更好地生存下去。高严会凭着自己出色的广告策划能力成为一名好的员工，却不会成为领导他人的人。

■ PK 结果分析

- "好"同学不屑于用金钱来换取人情，所以在人脉关系上很被动；"坏"同学觉得适当的时候付出适当的金钱换来人脉资源，可以使事情更容易办成。

- "好"同学自视清高，遇到事情或者困难不肯向他人求助，所以总是原地踏步；"坏"同学善于借助他人的力量帮助自己，所以更容易步步高升。

- "好"同学认为不屑于时刻把钱的作用挂在嘴边，所以不知不觉中就失去很多机会；"坏"同学善于发挥金钱的作用，也不避讳自己对金钱的赚取和享用，所以不会轻易让机会溜走。

  领导者必须对自己所负责的事情做好，要做好这些事情，少了金钱的帮忙是不可能的，有时还不得不求助于他人的帮忙，同样，"坏"同学从不避讳金钱的作用，也没有清高的架子，在该寻求帮助的时候也会求助于人，所以"坏"同学更容易成为领导者，也更适合做领导者。

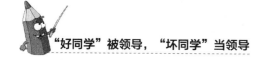

Part 4 主动 VS 尊严

■ 乞丐:求你,给我吧

乞丐总是在向他人伸手要东西,如果只等待别人给他,那他也许会被饿死,向他人主动要,情况就不同了,即使并不是每一个人都会给他,也比坐在那里被动等待要强很多。

乞丐在向别人要东西的时候,已经把尊严抛到脑后了,如果又顾着尊严,又想得到别人的帮助,乞丐就不会出来行乞了。

"坏"同学从小就把脸皮练厚了,什么样的批评都听过。人家说,"脸皮厚,吃个够",这句话说得不无道理,厚脸皮不怕别人说三道四,所以,有什么需求就会说出来,先把自己的需求满足了再说,即使别人还没有给的时候,厚脸皮的人可能就开始伸手要了。看来,厚脸皮是不会让自己吃亏的。

从另一个角度说,"坏"同学的这一特质也是积极主动的表现,当机会来临的时候,你是坐在那里等机会跑到你的面前,还是自己出去寻找机会呢?显然是第二种方法更可取也会让自己得到的更多。

对"坏"同学来说,只要不是涉及特别原则性的问题,他们很少拿尊严来说事,因为厚脸皮的"坏"同学没有那么强的自尊心,所以对于尊严也并没有特别强的敏感度。这让他们觉得"伸手要"是如此正常又自然的一件事情。

王峰只有高中学历,可是现在已经成为这家公司的舞美总监了。一天,新来的同事与王峰聊天。

同事问:"峰哥,能在这样的大公司立足,你一定毕业于名牌大学吧?"

王峰被问住了,停了一下回答说:"呵呵,我可没那么大本事,实不相瞒,还没你的学历高呢!"

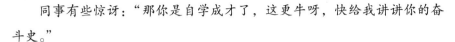

同事有些惊讶："那你是自学成才了，这更牛呀，快给我讲讲你的奋斗史。"

王峰笑着说："我这人没什么优点，就是脸皮'厚'，刚开始来公司时，我什么都不会，我就是对这耀眼的舞台着迷，所以恳求了半天，公司才同意让我从学徒做起。"

同事打趣道："没想到峰哥也是从学徒开始做起的，那你是怎么一步步做到总监的？"

王峰："学徒的时候还是很辛苦的，因为什么都不会，所以只能从最简单的体力活做起，只要遇到不懂的我就问，问得人家都烦我，我还是不停地问，这个人烦了我就问另一个人，直到我自己弄懂为止。"

同事："原来峰哥也有艰苦的过去呀。"

王峰："渐渐的，我对很多类型的舞美都了解了，于是我就主动要求领导让我来负责一个舞台的设计，当然，出了问题也由我负责。"

同事："那这中间出过问题没有？"

王峰："当然出过，我又不是神仙，怎么会不出错，刚开始的时候对很多应急措施都没有考虑到，也遇到过突然事故，当时都不敢看领导的眼睛，但我依旧要求领导给我机会让我负责设计和监督。"

同事："后来的情况好点了吧？"

王峰："那当然，要是不长进，我能成为总监嘛？时间长了，以前出的错就成为宝贵的经验了，后来就很少出错了，而且设计得也越来越像样了。直到多次得到客户的肯定时，我也就有资本了，成为总监也就是自然而然的事情了。"

王峰没有过多的竞争优势，用他自己的话说就是"脸皮厚"，这让他敢于推销自己，敢于主动出击，敢于承担错误，所以成为总监也不是没有道理的。

王峰现在所取得的成就都是自己争取来的，从进入公司到成为总监，没有哪一步是坐着等来的。在公司不录用他的时候，他没有因为自己学历不高而退缩，而是不断地恳求对方直到被录取；当他什么也不会的时候没有将别人的不耐烦视为对自己的鄙视，而是想尽办法学习自己想知道的；在他因为工作出错受到领导狠批的时候，也没有自怨自艾，而是继续向领导申请给自己负责舞美设计的机会。

这就是王峰的奋斗史，没有奇遇，只有靠自己的积极主动。王峰从一个高中毕业生做到一个大公司的舞美总监，从这样的经历中就能看出，主动伸手永远要比坐着等得到的多。

这天，王建又接到一个租自己商铺的电话，出来见面时，竟是自己的初中同学何成。何成也非常惊讶，没想到自己竟租了老同学的商铺，何成心中有很多疑问，就问王建："难道这30多间商铺都是你的？"

王建笑笑说："是呀，真是有缘分呀，没想到是你租商铺。"

何成："我刚大学毕业，现在工作不好找，想和同学开一间店铺做点小生意。你现在混得不错呀！现在租金这么贵，这么多的商铺，光租金每年都能收不少吧！"

王建回答说："其实，这原来是一家饭店，当时，我就看准这里离大学城比较近，所以就觉得在这里开商铺应该不错，如果把这里建成门面房，应该会有很多人来租。"

何成："那别人是怎么把饭店卖给你的。"

王建："因为他们的饭店生意不好，我听别人说店主正考虑转让，我赶紧找他商量，当时在价格上僵持了很久。"

何成："最后是怎么成交的？"

王建："我对这家饭店的老板说了很多好话，又找了很多认识这家老板的熟人，托他们说服老板在价格上再优惠点，求了很多人才办成的，最后以30万的价格买下了。"

何成："哇，那你的积蓄也不少呀。"

王建："我本没有这么多积蓄，但是我想这是一次机会，于是就借了一部分钱，终于把它买到手了，买到手之后我就开始改造，将大的空间改造成一个个的小房间，然后又简单地装修了一下，就成了现在的样子，没想到，还真挺抢手的。你要是再晚几天，估计就没有了。哈哈。"

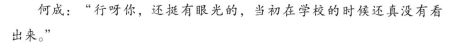

何成："行呀你，还挺有眼光的，当初在学校的时候还真没有看出来。"

王建："咳，你就别取笑我了，我这也是费了不少周折才发展起来的。"

王建的确是有做生意的眼光，但并不是只有眼光就可以的，王建说自己费了很多周折也并不只是一句空话。因为在这个过程中，王建求了很多人，求人当然就要跟人说好话，托熟人要向熟人说好话，借钱也要向他人说好话，只有得到这么多人的帮助才能顺利地把事情办成，王建也积极地出击，丝毫没有在意自己是在"求人"，只在意如何才能以最实惠的方式将事情办好。

机会有很多，有些人看到了，有些人没有看到。在看到机会的人当中，有的人把握住了，有的人没有把握住；把握住机会的人并不是有三头六臂，而是善于动用一切关系来帮助自己，助自己一臂之力，做好了所有的准备之后，机会也就跑不掉了。这也就是为什么"好"同学还在犹豫的时候，"坏"同学已经成功的原因。

■ 慈善家：你应该主动给我

慈善家习惯了施舍别人，总是处在这样一个角色的人怎么会去向别人乞讨呢？怎么会去主动向别人索要呢？

"好"同学从小学习成绩就很好，爸妈的奖励会不请自来，老师的表扬也随时在等候，只要好好地坐在那里学习，很多好的事情都会降临到自己的头上。为什么自己还需要去要东西呢？也许"好"同学有足够的自信坐在那里等待着机会的到来，也许"好"同学认为自己去争取会有失身价，可是，有些东西必须是自己去要才能得来的。

这不是一个可以等待的年代，而是一个积极争取的年代，也不是一个含蓄的年代，而是个性张扬的年代，如果你有能力不展现，别人怎么发现你？如果自己不去争取，机会就被别人抢走了，等你回过神来时，一切都晚了，很多机会稍纵即逝，无论因为什么原因错过，毕竟错过，机会就不可能重来。

胡泉一脸沮丧地去见朋友，朋友见状就说："怎么了？看样子心情不好呀？"

胡泉没好气地说："我心情当然不好，我辛辛苦苦地工作，领导难道都没有看见吗？全公司的人都认可行政经理的位置应该是我的。"

朋友："结果呢，领导任命别人了？"

胡泉气愤地说："学历也没我高，进公司的时间也没有我长，他凭什么被任命为行政经理呀，他刚来的时候还是我带他呢！"

朋友："那你怎么不去找领导说呢？"

胡泉："我才不去说呢，那根本不是我的作风，公司那么大，每天要处理多少事情呀，我都快累死了，我这么辛苦以为领导都看得见，到时候会主动地将我提升为行政经理。"

朋友："现在都什么社会了，你还坐在那里等，谁不想削尖了脑袋往前钻呀，像你这样的，领导没准还以为你根本没有当经理的想法呢。"

胡泉："可是，轮也该轮到我了，他是也挺有能力的，但毕竟资历没我老呀，我还真没见过像他这么主动去推荐自己的。"

朋友："看见没有，人家都知道推荐自己，当你们开始展开选拔的时候，你就应该像人家一样主动地推荐自己，要不然，你一直都会是行政部的小职员。"

胡泉："可是我真不习惯这样做，我以为该是我的就是我的。"

朋友："得了吧你，你这样的想法早该改改了，要不然说不定你已经成为人事部的主管了，你又不差，重点大学毕业，能力又强，为什么不推荐自己呢？"

胡泉："嘻，那我以后就学着点吧。"

胡泉是个"好"同学，学习成绩好，工作业绩出色，但是就是一直在职位上原地踏步，当比他晚来的同事都成为他的上司时，他才开始着急了。胡泉没能升职的问题不在于工作没做好，也不在于条件比别人差，要怪就怪没

主动为自己争取。

当对两个实力相当的人进行比较时，本来是难以决出高低的，这个时候，如果一个人表现得不在乎，也没有任何表示；而另一个人极力推荐自己，说出自己的能力有多出色，结果很明显，第三方肯定选择较为积极主动的那一个人。

很多"好"同学像胡泉一样，各个方面都很出色，但是始终是一名职员，没有得到提升，反而有些条件不如自己的人已经爬到他的头上去了，人家说"不想当将军的士兵不是好士兵"，如果你不去积极地争取，机会很难降临到你的头上，所以学会主动伸手要很重要。

王朋在上高中的时候就非常喜欢电脑，在大学学的也是计算机，毕业之后就去了一家网络公司。

这家网络公司刚成立不久，很多方面都在完善之中，公司里的人也不多，王朋之所以来这家公司就是看重了公司的发展前景。

在公司网站的完善方面，王朋提出了很多有用的见解，公司的网站点击率越来越高了，此时，王朋还有很多新的建议，但是王朋知道自己只是一个小员工，自己提出的建议并不一定能执行，即使执行也不一定是完全按照自己原来的设想，所以王朋产生了一个大的想法。

这天，王朋来找老板，向老板说了自己的想法："让我担任公司的项目总监吧，我有信心把我们公司的网站做好，而且一定做到让越来越多的人知道。"

老板听了之后，起初有点吃惊，对王朋说："既然你有这个想法，看来是做好准备了。"

王朋丝毫不避讳自己的想法："的确是这样，我们的网站虽然有一定的点击率，但是和有些著名的网站相比还是存在一定差距的，我现在有很多的想法，我坚信只要把我的想法变为现实，网站一定会被越来越多的人所熟知。"

老板听了之后很欣慰，对王朋说："现在公司正在组建之中，很高兴能有你这样的员工为公司出谋划策，既然你这么有信心，我愿意给你机会尝试一下。"

王朋听到老板如此地信任自己，工作得更加卖力了，为了实现自己的设想，他每天废寝忘食地工作，当终于完成所有的建设之后，网站的点击率果然上升了很多，为公司带来了巨大的利润。

老板非常高兴地对王朋说："你果然很有能力，项目总监的位置确实应该是你的。"

王朋是个"好"同学，学习的是热门专业，在顺利地找到工作之后，没有只甘心做一名小员工，当他认为自己非常有能力的时候，就向老板清楚地提出了自己的要求，主动地推荐自己。

如果"好"同学像王朋一样，将自己推到一个更高的位置，也能最大限度地发挥自己的才华，那将是一件可喜可贺的事情。

可是，很多"好"同学都不屑于这样做，认为别人将面包主动送到自己的手上才是有面子的事情，自己去伸手要未免太掉价，所以已经习惯保持矜持。这样的想法只会耽误自己的发展，也不会将自己的满腹才华淋漓尽致地发挥出来，所以等待是得不偿失的选择。

■ PK 结果分析

- "好"同学有好的条件，可以选择的机会就多，所以对于机会并不十分在意；"坏"同学没有好的自身条件，可以选择的机会就很少，摆在眼前的路少了，就会十分珍惜每一个机会，所以当机会来临时也会想方设法抓住机会。

- "好"同学从小到大被表扬，难免有些高傲，所以往往不屑于向他人伸手要；"坏"同学从小到大被批评，脸皮早已磨厚，只要自己高兴，伸手要对他们来说是非常容易的事情。

  领导不是一天"炼"成的，而是一步步地发展起来的，只有善于抓住每一次机会，才有可能当上最后的"大哥"。所以"坏"同学更有可能成为领导。

Part 5　被拒绝，你怕了吗

乞丐：我倒要看看你能拒绝我几次

乞丐出去行乞的那一刻，已经做好被拒绝的准备，因为并不是每一个人都会施舍给乞丐金钱，而乞丐也已经学会在被拒绝之后再次出击，只有这样，乞丐才能达到自己的目的。

也许很多人都看过这样的情形，当一个乞丐走向一个人准备行乞的时候，对方拒绝了乞丐的要求，而乞丐通常不会立马走开，而是继续用语言"刺激"对方，想尽办法让对方"动心"，结果也只有两种，对方被乞丐说动，然后答应乞丐的要求；另一种是不管乞丐如何"装可怜"，对方仍不为所动，这样一来，乞丐如愿的概率又增加了50%。如果乞丐在别人拒绝了一次之后就转身离开，那达到目的的机会就少了一半。面对拒绝，乞丐的做法是仍继续出击，再试几次看看。

"坏"同学的学习成绩不好，通常也不听老师和家长的话，总是不按常理出牌，反其道而行之是他们的本性，怎么特殊怎么来，你不让我这样做我偏这样做，这就是"坏"同学一贯的作风。另外，"坏"同学从小听了太多的批评和别人对自己的否定，所以这些负面的评价对"坏"同学的杀伤力极小。进入社会以后，"坏"同学没有好的自身条件，所以找工作碰壁的几率就很大，而"坏"同学也会面对比"好"同学更多次的拒绝，面对拒绝，"坏"同学习惯了，就会无视拒绝，如果有必要，"坏"同学为了争取难得的机会，会在被拒绝之后仍然不放弃，你不是拒绝我么，我就要看看你能拒绝我几次。

根据"坏"同学以上的特性，在面对拒绝的时候，"坏"同学就像乞丐一样，不会立刻放弃，而是要多试几次，有一种不达目的誓不罢休的"干劲"。

乔·吉拉德出生在1928年11月1日。在乔·吉拉德小的时候，因为家境不好，在他9岁的时候就开始为人擦皮鞋、送报纸，由于生活所迫他也不得不在 16 岁就离开了学校。

离开学校之后，乔·吉拉德为了生计，成为一名锅炉工。后来，乔·吉拉德又当了一名建筑师，以给别人盖房子为生，一直到 1963 年，他为别人盖了 13 年的房子。此时的乔·吉拉德仍是个失败者，再加上他患有严重的口吃，曾换过无数个工作，甚至还做过小偷。

在乔·吉拉德 35 岁的时候，他的生活不仅没有好起来，还欠下外债 6 万美元。这时，他走进一家汽车经销店。从此，他的人生开始发生了转变。

在成为汽车销售公司销售员 3 年之后，乔·吉拉德一年的销售量就达到了 1425 辆，这样的销售成绩是前所未有的，已经打破汽车销售的吉尼斯世界纪录。在乔·吉拉德销售汽车的 15 年内，总共销售出 13001 辆汽车，他创造了汽车销售的神化，也被称为"世界上最伟大的推销员"。

乔·吉拉德在销售汽车的过程中，也像其他推销员一样，经常遇到根本不理会自己，或者是用其他理由来拒绝他的顾客，比如，客户会说"我到半年之后才会考虑买车"，或者会说"我可能到 5 年之后才会考虑买"等等类似的拒绝话语。

那乔·吉拉德是怎么做的呢？面对这样委婉的拒绝，乔·吉拉德并没有真的放弃，顾客不是让自己等吗，那就等，但是在这期间，乔·吉拉德会不断地给顾客打电话，不给顾客忘记自己的机会，不管顾客是 2 年之后再买，还是 5 年之后再买，乔·吉拉德都会每月提醒一次顾客，让顾客在想买车的时候第一个想到的就是他。

乔·吉拉德就是用这种方法面对拒绝，他一直把拒绝自己的顾客当做潜在顾客来对待，所以总是正视拒绝。

乔·吉拉德没有高的学历，他用自己的方法面对拒绝，也最终化解拒绝，那就是面对拒绝不放弃，而是把拒绝当成一次有可能实现的机会，所以他总能推销出更多的汽车。因为得到了更多的机会，也就得到了更多的收获，这也是乔·吉拉德为什么会成为汽车推销领域里的"大哥"的原因。

进入社会以后，每个人都会遭到很多的拒绝，在找工作的时候，会遭到

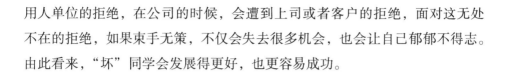

用人单位的拒绝，在公司的时候，会遭到上司或者客户的拒绝，面对这无处不在的拒绝，如果束手无策，不仅会失去很多机会，也会让自己郁郁不得志。由此看来，"坏"同学会发展得更好，也更容易成功。

　　刘力的学习成绩不好，他知道自己无论如何都考不上好的大学，于是高中毕业之后就不再上学了。离开校园之后的刘力不知道自己要干什么？他一没技术，二没高学历，刘力想来想去就去了一家影楼。

　　刘力对摄影挺感兴趣的，但是没有任何经验的他只能先从摄影助理开始，其实摄影助理就是做苦力的，但是为了学到摄影技巧，刘力也心甘情愿地做了起来。

　　起初的时候，摄影师并不愿意多教刘力，刘力一有问题就问摄影师："王哥，这个灯要怎么调呀"，"王哥，这个光圈行吗"，摄影师总是一脸的不耐烦。此时，刘力就会说："王哥，你是不是累了，拍了一天了，你肯定特别累，等明天我再向你请教吧。"

　　无论如何，刘力总能想办法学习到自己想知道的摄影技巧。为了拉近与摄影师之间的距离，刘力甚至会找机会送给摄影师喜欢的礼物，或者偶尔请摄影师吃饭，这样一来，当刘力再向他请教的时候，摄影师自然会好好地教刘力。

　　渐渐的，刘力掌握了很多的摄影技巧，他就向老板申请给自己单独拍摄的机会，但是老板并不信任刘力的技术，没有答应刘力的要求。刘力就利用工作之余，拍摄了一系列的照片给老板看，并且对老板说："让我给顾客拍照，可以仍然给我发助理的工资，然后看一看我拍出来的效果再决定是否让我担任摄影师。"

　　老板见刘力这样执着，就答应让刘力试一试，并答应只给这一次机会，如果刘力拍出来的照片顾客不满意，那刘力就没有机会了。

　　可喜的是，顾客很认可刘力拍出来的照片，于是刘力从一名摄影助理正式成为一名摄影师。在成为摄影师之后，刘力更加努力认真地工作，两年之后，刘力已经能拍各种风格的照片了，于是，刘力决定开一家属于自己的摄影工作室，自己当起了老板。

最初的时候，刘力没有任何的优势，所以只能去当一个做苦差事的助理，这样的工作没有让刘力泄气，而是时刻记住自己的目的，在遭到摄影师多次的拒绝之后，刘力没有选择退缩，而是想办法迎难而上，直到达到自己的目的为止。在遭到了老板的拒绝之后，刘力也没有选择灰心丧气地听从安排，而是自己寻找机会再提出要求，从而顺利地成为摄影师。

正是这种不怕拒绝的心态，让刘力一再地进步，由摄影助理到摄影师，再由摄影师成为老板，不得不说，越是遭到别人的拒绝，越是要拿出不达目的誓不罢休的态度来，所以"坏"同学"你不让我做这些，我偏要做"的心态也派上了用场，让他们一步一步走向高处。

■ 慈善家：你拒绝我，我还不爱搭理你呢

慈善家无疑是有钱人，有这样优越的条件，自然是别人时刻围着他转，当遭到别人的拒绝时会说："你有什么资本拒绝我呢，我还不爱搭理你呢。"

"好"同学学习成绩好，被很多人捧着，比如家长，比如老师和同学们。"好"同学就像慈善家一样拥有着"坏"同学没有的优越感。"好"同学习惯了被捧着，从来都是别人满足自己的要求，一种"唯我独尊"的思维在不知不觉间就培养了出来，在这样的心态下，怎么能容忍别人对自己的拒绝呢？面对拒绝，为了体现自己"高高在上"的姿态，唯一能赚取面子的方法就是同样不搭理对方。

也许，在学校的时候，"好"同学是大家眼中的"香饽饽"，到了社会上之后呢，情况变得复杂，人外有人，天外有天，周围的人不会再像老师和家长一样围着"好"同学转，如果"好"同学仍旧是一副"唯我独尊"的心态，面对拒绝，仍旧消极对待，那"好"同学就会错失很多的机会，甚至与自己的美好前程失之交臂。

姜玲最近又辞职了，朋友见了她，非常纳闷，就问她："你是怎么回事，你是不是觉着你是名牌大学毕业的学生，就可以来去自由呀？"

姜玲："你不知道我们那个上司有多古怪，方案已经修改了很多次

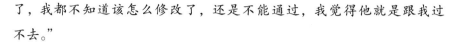

了，我都不知道该怎么修改了，还是不能通过，我觉得他就是跟我过不去。"

朋友："咳，就为这呀，上司可能觉着你是名牌大学的毕业生，对你的要求高，那你也用不着辞职呀，现在找个好工作多不容易呀。"

姜玲："我就是受不了自己的方案不能通过，那些方案我费尽心思，不知道他为什么要挑刺，我还不干了呢。"

朋友："你这算什么呀，我在我们广告公司，我们那个小组有时候半年都通过不了一个案子，我要是你，岂不是要辞职几百次了，接下来准备怎么办？"

姜玲："接着找工作呗。"

朋友："我听说咱们同班同学吴翔自己开了一家公司，现在都是老板了，公司规模挺大的，要不问问他那要不要人。"

说着，朋友就开始给吴翔打电话，吴翔听了之后说："你要是早联系我就好了，我上个月刚招满人，姜玲条件挺不错的，这样吧，我再问问我其他朋友看有没有需要人的。"

朋友挂了电话之后对姜玲说："真不凑巧，不过他已经答应为你问问他其他的朋友了，吴翔认识的大老板很多，说不定能找个比上次还好的工作。"

姜玲："怎么会这么巧，上个月刚招了人，摆明就是拒绝我，就他那公司，我还不想去呢。"

姜玲的条件令很多人羡慕，可是在工作上却频频遭遇不顺，是上司真的针对姜玲吗？是姜玲真的很倒霉碰到了一个挑刺的上司吗？所有的原因就是姜玲没有办法面对别人的拒绝，所以才显得现实好像和姜玲过不去。

姜玲面对的情况很多人都碰到过，并不是姜玲一个人会遭遇，而是很多人遭遇的情况比姜玲还要糟，就像姜玲的朋友一样，所以现实的情况无可厚非，就看每个人如何对待了，显然，一向优越自居的优等生受不了多次的拒绝，也不想办法如何"征服"对方，而是潇洒地甩手走人。

当朋友热情地为姜玲介绍工作的时候，姜玲仍是一副"我还不稀罕"的态度，而不是虚心地拜托别人。不争取机会，机会主动落到头顶上的几率实在太小了。

如果"好"同学既有才华态度又积极，那么自己的价值会发挥得更好。也许姜玲非常有才华，但是不能忍受被拒绝的态度只会让她失去更多的好机会。很多"好"同学像姜玲一样，非常有才华，但是往往至今还只是一个小职员。

　　杜筱学的是汉语言文学，毕业后顺利地进入一家杂志社，成为一名实习编辑，有一次，编辑让她去邀请一个漫画家为杂志做插图。

　　杜筱找到这位漫画家之后，向对方说明了自己的来意。漫画家说："不好意思，我现在没有时间再为其他杂志做插图了，请您再找其他人吧。"

　　杜筱来之前根本就没有想到漫画家会不答应，于是又向漫画家说："您再考虑考虑吧，我们的杂志每个月才出一次，所以工作量不大，您只需抽出一点时间就够了。"

　　漫画家："我画漫画就像你们写文章一样必须要有灵感才行，要保证我画漫画的质量，就不能量多，您还是请回吧。"

　　同样高傲的杜筱想：这位漫画家还真难请呀，怎么这么高傲，有什么了不起的。

　　杜筱只能无果而归，编辑知道了之后就对杜筱说："这位漫画家的名气很大，你看能不能再想想办法让他为杂志做插图。"

　　杜筱说："对方态度很坚决，我有什么办法呢。"

　　此时，正好另一个实习编辑对这位编辑说："要不让我试试，我以前还挺喜欢这位漫画家的漫画的，说不定能跟他有共同语言。"

　　这位实习编辑见到漫画家以后，漫画家的态度依旧坚决，实习编辑说："我特别喜欢您画的漫画，尤其是那个小丁的形象，我很多同学都喜欢，都觉得太有意思了。"

　　漫画家："是吗，我本人也很喜欢小丁这个形象。"

　　实习编辑说："我们的杂志其实本来没有考虑过做漫画插图的，可是有很多像我这样喜欢您的粉丝写信给杂志社，说我们的杂志要是配上您的漫画就更完美了，我们不想给读者留下遗憾，也希望我们的杂志在您画的漫画的衬托之下显得更有味道，让您的粉丝能有更多的机会看到您画的漫画。"

漫画家："既然这样，那我尽量完成。"

当实习编辑告诉编辑漫画家答应了杂志社的要求时，特别的意外和惊喜，也一下子记住了这个实习编辑，以后有什么事都会让这位实习编辑来帮助自己完成，这位实习编辑也在编辑的推荐下提前结束了实习阶段。很快在众多编辑中脱颖而出，最终成为了杂志主编。

作为实习编辑，杜筱和另一位实习编辑的能力也许不相上下，但是最后的结果却相差很大，同样是好学生，杜筱在面对拒绝的时候，没有极力地争取，也没有想办法挽回被拒绝的局面，只任事情自由地发展，所以面对拒绝态度非常消极，也就没有将编辑交代的事情办成。

而另一位实习编辑在遭到拒绝之后并没有立即放弃，而是想办法拉近与漫画家的距离，当漫画家在心理上接受了她之后，就很容易答应她所提出的要求了。同样的事情却呈现两种结果，这在现实生活中也会出现很多，这个人出马就能搞定，而另一个人去就会搞砸，错的只能是人。

"好"同学本身拥有很好的条件，但也并不见得之后的路就会像很多人期望的那样步步高升，案例中的杜筱和另一位实习编辑就是两种版本，同时也会发展为两种不同的人生。

■ PK 结果分析

- "好"同学从小就听父母的话，是大家眼中的乖孩子，所以总按常理出牌，不做出格的事，被拒绝的经历较少，当面对他人的拒绝时更容易不知所措；"坏"同学经常不走寻常路，别人越是拒绝，"坏"同学越容易较劲——看谁能征服谁。

- "好"同学因为学习成绩好，被众人瞩目，养成了骄傲的心理，当被别

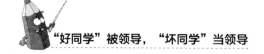

人拒绝之后为了显示自己也很骄傲，就会不再搭理对方；"坏"同学没有"众星捧月"的心态，所以不把别人的拒绝那么当回事，会以积极的态度争取。

总之，"好"同学在面对拒绝的时候，处理的态度消极，而"坏"同学是积极应对。别人拒绝自己是常见之事，如果处理的好就会挽回一次机会，为自己的发展做更好的铺垫，成功的几率也就更大，成为人上人也就不奇怪了。

Part 6 会哭的孩子有奶吃

■ 乞丐：再富也要"哭穷"

乞丐是出来行乞的，自然是得到别人给的越多越好了。为了博得更多人的同情，乞丐要学会装可怜，只有这样，才能"打动"更多人，装得越像，别人才会信以为真。只要装一下可怜就能达到自己的目的，乞丐当然是很乐意的。反正都已经出来行乞了，为何不"收获"的多一点呢。

"坏"同学从小就做惯了恶作剧，在"使坏"被老师惩罚的时候，他们也早已学会了"示弱"，恳请老师"从轻发落"，当老师威胁他们一定要请家长时，他们多半会发誓下次不敢了。然后转身就忘了自己说的话。这就是"坏"同学的特性。"坏"同学会"示弱"的表现就像乞丐"装可怜"一样，为了博取他人的同情以达到自己的目的。

每个人都有同情心，当看到别人比自己可怜的时候，就会大发善心，尽量去帮助他人，这也是"装可怜"为什么会发生作用的原因。进入社会以后，很多事情自己一个人都不能完成，必须要别人帮自己一把，如何让别人心甘情愿地帮助自己呢，这也是需要技巧的。如果你说你很好，别人为什么还要帮助你，你说你很富有，别人还有什么理由资助你，所以，有时候学会装一下"可怜"，能让自己更顺利地将事情办成。"坏"同学从上学的时候就具备了这种"本领"。

刘江没有一个好的文凭，毕业之后靠着朋友的关系来到这家广告公司，朋友特别交代："你可不要以为这是学校，高兴来不高兴就找不着人影了，你要是做得不好，人家会把你炒了的。"

刘江："知道了，为了给你争脸面我也要好好地工作呀，你就等着瞧好吧，我一直都是沉默的金子，现在要发光了。"

刘江虽然平时吊儿郎当的，但是他在广告设计方面还是很有天赋的，有时为了一个广告方案，他能加班到深夜。

刘江进入公司半年之后，他已经为公司创作了几个非常有创意的广告了，这天他来到老板办公室，直接对老板说："老板，我觉得您应该给我升职了，我的广告这么受欢迎，现在最少也应该升为副总监了吧，您看我每天加班加得黑眼圈都出来了。"

老板也一直知道刘江为公司创造了很大的利润，可是升职就意味着要加薪，所以不会主动去为刘江升职，没想到刘江自己提出来了，就笑着说："其实你不说，公司也准备给你升职的，你就好好工作吧。"

又过了半年，刘江做的广告已经在业界小有名气，这天，刘江又来到老板办公室，开门见山地对老板说："老板，现在可以考虑让我当总监了吗？我现在为了工作，连约会的时间都没有了，女朋友都把我甩了，爱情没有了，总该让我在事业上有点起色吧。"

老板这次有点为难了，因为总监的位置还是要慎重，老板不知道以刘江的性格能不能将总监当好，老板说："我可以考虑考虑。"

刘江听了之后说："老板是还没准备给我升职吧，我有一个哥们，他去公司不到半年的时间就升为总经理了，我已经在这里工作一年了，我每天起早贪黑、废寝忘食，再说了，我的工作业绩大家也是有目共睹的，我要是没那金刚钻，我也不会揽那瓷器活呀。"

老板也的确看到了刘江的付出，如果不答应真怕刘江跳槽，于是，一周之后，刘江成为这个广告公司的总监了。

刘江本是一个学习很"不靠谱"的"坏"学生，可是，刘江却用自己的方法在一年之内升为总监。从案例中可以看出，如果刘江不主动提出升职，老板是很难主动提出来的。如果刘江用直接威胁的办法要求老板给自己升职，很可能激怒老板，说不定还会适得其反。而刘江却是到老板面前诉说自己的不容易，诉说自己为公司如何辛苦地贡献，刘江这样说，老板又不能不承认，所以也就只能满足刘江的要求了。

吴俊从中专毕业之后就不再上学了，两年之后，吴俊竟然成为一家公司的总经理，他的同学还在奔波着找工作，见吴俊有这样的成就都感到非常惊讶，同学："我当初怎么没看出来你还有当总经理的潜质呢。"

吴俊："我也是一步步才走上去的。"

同学："那你倒是告诉我，你是怎么抓住机会的。我怎么就看不到机会呢？"

吴俊："当初，从学校毕业之后，我也不知道自己要做什么，只能从最底层做起。于是，我就跑业务联系客户。"

同学："跑业务也能当上总经理。"

吴俊："因为我业务做得好呀，我总是能抓住客户，客户有时候根本不给我说话的机会就把我赶走了，有时候我就等客户等到下班，客户看到我还在等，有时就会心软下来，觉得我和其他的业务员不一样，然后开始有兴趣了解我们公司的产品。

同学："你可真行呀，要是我看到别人没有兴趣，我肯定早离开了，然后抓紧时间寻找下一个顾客。"

吴俊："开始的时候，我也是这样想的，有一次，那个客户又以没有时间来推托我，我走得又实在太累了，干脆就在那个客户的楼下大厅休息，直到客户下班看到我，我就迎上去跟他打招呼，没想到他特别意外，然后就开始认真地听我介绍我们的产品。"

同学："你倒是挺擅长做这个的，反正你脸皮厚，对别人的拒绝也不在意，要是我，别人第一次拒绝我，我就不想再去求他了。"

吴俊："我也是从那一次发现，很多顾客都是潜在顾客，他有时候暂

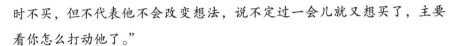

时不买，但不代表他不会改变想法，说不定过一会儿就又想买了，主要看你怎么打动他了。”

同学：“你现在的方法是一套一套的啊。”

吴俊：“这都是经验总结，我跟顾客聊天，总是像跟朋友谈心一样，把我的压力和处境不经意间告诉顾客，顾客也觉得我挺不容易的，聊熟了之后，顾客买产品也就是自然的事情了。”

同学：“看来你当上总经理是很有道理的。”

就像吴俊的同学说的那样，吴俊做上总经理不是没有道理的，不是每一个人都肯向他人“示弱”，也不是每一个人都愿意去博得他人的“同情”。而吴俊可以，在吴俊看来，只要这样就能“拴住”自己的客户，所以在适当的时候让别人可怜一下自己也不过分。

有过这样一项研究：如果妈妈有两个孩子，一个孩子表现得特别坚强，而另一个孩子则表现得较弱，在这样的情况下，妈妈相对会更加疼爱那个表现较弱的孩子。也许人们都有这样的心理倾向。

领导是要有威严，要有震慑力的，可是，做领导不可避免地要处理很多事情，不是每一件事都要拿出领导的威严就能解决的，有时适当地示弱更利于事情的解决。

■ 慈善家：再穷也要拿出富姿态

慈善家用钱来做慈善，做慈善做习惯了，难免形成了一种姿态，那就是高高在上的“富姿态”。即使有一天不再富裕了，这种姿态在一天两天之内也难以改掉，所以有时候委屈自己也要保持这样的“富姿态”。

“好”同学就像慈善家那样，保持了太久的优越感，也许被别人仰慕和羡慕的感觉太好了，“好”同学从不擅长去“博同情”，因为让别人可怜与自己习惯性的骄傲心理实在是太矛盾了，宁愿自己吃亏受苦也比别人的同情好，这就是“好”同学的逻辑。

如果你表现得如此高傲，别人不可能跑到你那里主动要求帮助你，如果

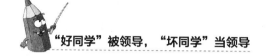

你表现得如此强势，别人也没有理由去帮助你。

如果做一件事情，通过得到别人的帮助能更好地完成，为什么不去尝试一下呢。可是，要"好"同学去可怜别人还可以，要是让别人来可怜自己真会让"好"同学难受无比。

言浩从国内上完大学之后又到国外留学，然后以"海归"的身份回国发展。他很顺利地被一家公司录取，因为言浩条件优越，所以到公司没多久，就让言浩负责一个重要客户的单子。

由于这个单子对公司未来的发展至关重要，所以为了能顺利与客户签订合同，言浩也很早就开始准备。

在一次与客户接触的过程中，言浩竟然发现自己曾经的高中同学是对方团队中的一个主管。言浩的老板知道了之后就对言浩说："这真是天助我也，你跟你那个同学说一下，让他们经理把价格再压低一点，然后把条件再放宽松一点，也好让我们能缓一缓。"

言浩明显不是很乐意，他想自己从国外留学回来，现在要去请一个高中同学帮忙，真是太有失身份了。

第二天，言浩的同学主动打电话给他："言浩，要不我去求一下经理，我知道你们公司现在正在扩大规模，资金肯定不充裕，而我们的经理又死咬住价格不放，你们肯定会有压力的，要不你给我一个底线，我跟经理的关系还是不错的，如果合同签订得令你们老板满意，你也功不可没呀。"

同学这样一说，言浩就更不想让同学帮忙了，最终他谢绝了同学的好意。

言浩就是典型的"好"同学思维，自己是从国外留学回来的，于是就觉得比自己那些在国内的同学要强很多，所以死活不愿意用"装可怜"的方式赢得对方的帮助，即使是对方主动找上门来，也坚定拒绝。

眼前的事实是公司急需要帮助，本打算利用言浩的人际关系，可没想到言浩却是那样一副高傲的姿态。

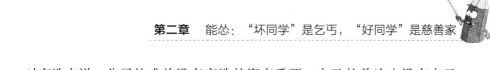

对言浩来说，公司的难关没有言浩的姿态重要，自己的前途也没有自己的姿态重要，一句话的事对言浩来说却比登天还难。很多"好"同学也像言浩一样，因为自己"过分的矜持"，让自己的发展受到了阻碍。

唯拉有一颗创业的心，却没有创业的条件，她学的是服装设计，很想开一家工作室，可是苦于没有启动资金，于是她想先找一个工作，等积累够了资金之后再实现自己的梦想。

朋友这样劝她："你的条件这么好，你设计的服装还得过奖，如果经营自己的工作室肯定会成功的，我可是特别看好你啊。"

唯拉："你又不是不知道，我刚毕业，去哪儿筹钱呀。"

朋友："可以先向他人借点钱呀，等你工作室稳定了，这点资金很快就会收回来的。"

唯拉："我想靠我自己的钱来开工作室。"

朋友："我说朋友，你现在去工作，等你赚够钱，黄花菜都凉了，就算赚够钱了，说不定到时候你又动摇了。对了，你知道那个小周不？他没上大学，老早就出来创业了，现在混得挺不错的，要不向他先借点，怎么样？"

唯拉："我最讨厌借别人钱了，何况是曾经的同学，你让我怎么开口呀。"

朋友："这有什么呀，你一开口，他准出手相助。"

唯拉："我宁愿自己辛苦几年，也不想开口向别人借钱。"

朋友："你怎么这么倔呢，谁都有需要帮助的时候，我真搞不懂你。"

唯拉就是迈不出这道坎儿，她也知道自己只要一开口，对方肯定会帮忙，可是……

唯拉："我觉得靠自己也没有什么不好。"

朋友："靠自己是没有什么不好，但是有捷径为什么不走呢？放着大老板不做，为什么要去做一个小员工呢？"

唯拉："好了，你不用劝我了，给我点时间，一切都会实现的。"

朋友："真拿你没办法呀，你是缺了哪根筋呀。"

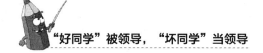

朋友始终没有劝动唯拉，唯拉仍然决定去为别人打工。

唯拉说要靠自己闯出一片天地，这句话听起来是很励志，可是真的什么时候都要靠自己吗？先不说唯拉要工作几年才能有足够的积蓄，关键是眼前摆着一条可以看到目标的路，唯拉因为开不了那个口，就要多花费几年的时间实现自己的目标，这真的很令人惋惜。

唯拉是因为钱的问题不肯向别人开口求助，有很多"好"同学，会遇到各种各样自己无力解决的问题，此时，"好"同学不会去选择求别人，而选择硬撑，如果撑过去了还好。可有时候，机会就在眼前，很可能会稍纵即逝。

有很多"好"同学都像唯拉一样有才华，但是好的才华养成了高高在上的姿态，此时，这样的姿态不仅没有帮助他们大展宏图，反而让他们失去了机会，成为束缚他们发展的绊脚石。

■ PK 结果分析

- "好"同学上学的时候，通过自己的努力取得了好的学习成绩，于是相信靠自己可以搞定一切，他们不明白为什么要向别人"装可怜"；"坏"同学更喜欢走捷径，如果"装可怜"问题就能立马解决，他们不明白为什么不试一下呢。

- "好"同学成长过程中培养出来的高姿态，让他们很难转变态度去向别人"装可怜"，所以即使有时候明白这道理，但是对他们来说实施起来却很难；"坏"同学没有高的姿态，对他们来说"装可怜"只是为了办成一件事，根本与尊严无关。

其实，"装可怜"并不是真的要去"巴结"别人，而是解决事情时一种变通的方式而已，别人不能处理的事情你能处理好就是能力。

第三章

善谋:"坏同学"是狐狸,
"好同学"是黄牛

　　有头脑的人往往会算计着如何利用像黄牛这样的人达到高效的业绩,黄牛努力表现自己的同时,也间接展现了别人的领导力。

　　综观社会,有多少老板、领导的学历也许不够高,也没有那么博学,但是面对每天纷烦的事物,大脑总在飞转、盘算……他们的思维方式与职员不同,职员想的是如何尽自己最大的努力做好本职工作,老板、领导想的是如何把所有人有效地调配起来。

Part 1 你的头脑"清楚"吗

■ 狐狸善于攻心术

提起狐狸，我们会想到狐狸吃葡萄的故事。它是那么的狡猾且善于为自己辩护。当饥饿的狐狸看着葡萄架上一串串晶莹剔透的葡萄，它直流口水，迫不及待地想要摘下来吃。

可是天不遂"狐"愿，葡萄架太高，根本就摘不到。最后，狐狸灰溜溜地走开了，但它对别的动物说："这葡萄肯定还没有熟透，是酸的，不好吃。"

狐狸的头脑是很精明的，它把吃不到葡萄这件无奈的事化解为不屑一顾的事。"坏"同学比任何人都渴望成功，在成功大门面前，他们和狐狸有着一样的无奈，但他们总是在寻找着另类的突破口。

在销售上，"坏"同学很有心计，对于自己滞销的产品，他们会采用各种方式来达到促销目的。

"坏"同学的"歪点子"比较多，这些点子往往使得他们做事不拘一格，管理中注重变通，与客户沟通交往时，能够取得客户的满意与信赖。

万宝路香烟最初消费的定位为女性烟，这种烟在 1854 年由一家小店生产，在 1908 年才正式以品牌 Marlboro 为商标注册登记。

起初，万宝路的广告语是"像五月的天气一样温和"，这主要是为了取悦于美国的女性消费者。当时美国的女青年奉行及时行乐主义，她们大多沉迷于香槟酒和爵士乐。世界第一次世界大战给人们心中带来了巨大的创伤，这些女青年们过着一种醉生梦死的生活。

当时，尽管美国每年的吸烟人数在年年上升，但万宝路香烟的销路

却很一般。这个老字号香烟渐渐被人遗忘。

1954 年，莫里斯公司找到了营销策划人李奥·贝纳，希望他能改造万宝路，让它起死回生。李奥·贝纳是个典型的"诡才"。他陷入了沉思，万宝路的香烟产品和包装都没有问题，它作为一个历史悠久、有着良好品质的烟草品牌，却始终不能在烟民中产生很大的号召力，这里面的原因在哪里呢？

这个产品的定位是以现实需要为依托，这种温暖柔和的品牌在当时打动不了人心。李奥·贝纳苦思冥想，他意识到是产品的定位出了问题。战略问题是一个方向性问题，如果方向错了，再多的努力都是无用的。

之后，万宝路香烟开始定位为男子汉的香烟。这种烟已经由原来的淡口味烟变为重口味烟，同时增加了香味的含量。包装上不再是娇弱、妩媚的女子形象而变为目光深沉，浑身散发着粗犷、豪气的英雄男子汉形象。李奥·贝纳设计这样的形象，灵感来源于美国西部牛仔，它吸引了所有放荡不羁，追求潇洒、自由的消费者。

这种成功形象的塑造使得万宝路一路走红。李奥·贝纳虽然没有按照菲利普·莫里斯公司的要求进行改造，但他的大胆策划被证明是很成功的。这种洗尽女人脂粉味的广告使得万宝路的销售量提高了三倍，万宝路一举成为整个美国的第十大香烟品牌，在 1968 年它的市场占有率份额上升为第二名。如今，万宝路已经是世界知名的品牌。

李奥·贝纳独具匠心，他最终通过策略的改变使得万宝路由一个被人忽视的香烟品牌变为人们心中的最爱。

李奥·贝纳一生从事过很多的职业，他总是在进行不同的尝试。成功推销万宝路成为他最大的成就。可以说，他成就了万宝路，使得这个香烟品牌成为世界名牌，而万宝路也成就了他，使得他的名字被世人所了解，一举成为世界著名的营销策划人。

"坏"同学面对困难，永不止步。他们善于思维，大胆创新。他们不害怕失败，害怕的是没有尝试。他们会全身心地投入到一件事情中寻求解决办法，就像李奥·贝纳对于自己的创作方法总结道："我的方法就是把自己浸透在商

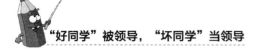

品之中。"

他们反复思考如何达到终极目标，如何取得更好的效果……就是由于这种执着地追求，这种深入地思考，使得"坏"同学走向了成功。

当一个人把自己的工作生活化，处处算计着开创成功的渠道，这样的人迟早会取得成功。

他1米45的个子，在27岁的时候还在拿着简历四处求职。他学习并不好，不爱读书又调皮。在面试的时候他和看不起自己的面试官打赌，说自己一定可以成为一个拉单一万日元的保险推销员。

说起来容易做起来难，当时保险并不被社会大众所接受，投保的客户大多是有闲散资金的有钱人。他虽豪言壮语地接受了这个工作，但在他刚成为推销员的七个月里，他一份保险业务也没有拉到。

他作为一个见习推销员，没有业务预示着没有薪酬。为了省钱，他徒步上班，中午可以不吃饭，租的是仅容一身的房间。但他依然每天精神抖擞地去上班，他带着微笑和擦肩而过的行人打招呼。

有一次，有一个老者看到他高兴的样子而大受感染，便邀请他共进午餐。可是他委婉地但很绅士地拒绝了，但他说他是推销保险的，如果老人愿意，可以买一份他推销的保险，他将非常感激。老人欣然同意。就这样，他得到了一单业务。

还有一次，他去百货商店买东西，货比三家后，他终于找到物美价廉的东西。在买单时，他突然听到有人问收银员："这个要多少钱？"

收银员说："5万日元。"那个人接着说："我要20个。"

他站在这人的身后目瞪口呆，他敏感的神经使他开始注意这个人，他心想，这个人既然这么有钱，为什么不拉他一单业务呢。

这个有钱人带着名贵的手表，结完账后走进了街对面的写字大楼。他尾随其后，当走到电梯口时，大楼的管理员恭敬地向他致敬，他相信自己的判断没有错。

他走上前去对管理员说："刚走进电梯的那位先生是谁？他把东西落在百货商店了，我帮他带来了。"

大楼的管理员说："是某某公司的经理。"

这位保险推销员就是原一平，他最终成为推销之神。

原一平把推销带进了生活，他善于从生活的小细节中寻找契机。在他的推销生涯里，他结识的大人物有很多，但这些大人物并不是不请自来，而是他通过各种各样的方式方法争取结识的。

他做的是保险行业，在他的脑海里，人生何处不是推销呢？他的成功就在于他敏感的神经、快速反应的思维和果断的行动。

"坏"同学做事有勇有谋，他们善于发现生活中的契机以便使自己赢得成功。"坏"同学是工于算计的高手，有准备地去策划成功，远比没有"心计"地等待成功要"靠谱"得多。

▓ 黄牛只会埋头苦干

黄牛是一种很执拗的动物，它们的力气很大。在早期，黄牛是农民的得力帮手。"好"同学就像是埋头苦干的黄牛，他们不懈却是一根筋地追求自己预设的目标。

吃苦能干的精神在现代社会是不是不合时宜呢？这个信息化、网络化的社会，人们的竞争开始趋向时间的、效率的竞争，这种类似黄牛"拖延战术"取得的成效值不值得称道呢？

黄牛迈着沉重的步伐，一步一步、一点一点犁完所有的地，就像"好"同学凭借自己的勤奋认真，比别人付出更多的时间，更多的努力，去相信自己终究会有所成就。

一分耕耘一分收获，这是"好"同学的信条。在职场中，"好"同学不怕工作的繁琐，他们往往会多做事，做好事。他们很容易成为公司里的中坚力量，但却很少能成为公司的领导阶层。

"好"同学就像是播种的农民，他们为成功做好了一切准备，他们坚信有了春天的播种，就会有秋天的收获。但这其中有很多的变动因素，他们有没有想到过会有"颗粒无收"的情况呢？

张娟毕业于名牌大学，她毕业后到一家杂志社工作，她每天的工作就是写一些稿子。她酷爱写作，自我感觉文笔不错。虽然在公司自己只是个见习记者，但她坚信自己最终会成为一名不错的编辑。

有一次，主任让她去采访一位老板，回来写一篇人物专访。她非常重视这次采访，认为这是一次展现自己能力的机会，为此做了充足的前期准备。

在采访的时候，她端坐在那里，一条条很认真地提问。这位老板原来做的是小本生意，现在发家致富了，面对这样的采访还是第一次。张娟问问题的时候很严肃，让这位老板很紧张，他断断续续地说了几句话之后就没话可说了。

可是，张娟并不死心，因为主任说过，这是一篇五千字的人物专访，所以要尽可能多地去挖掘人物身上的信息。张娟开始问这位老板生活上的一些习惯和个人爱好。这时候，这个老板的情绪稍有舒缓，但还是很紧张，面对这样一个执着的小女孩，他不知道要如何与她交流。

张娟问题问到一半停了下来，她本来采访前已经收集了这位老板的相关信息，准备了50多个问题，她罗列的问题有次序，有深度。可是面对现实采访情况，她是丈二的和尚摸不着头脑。

她坐在那里不知道怎么办了，这时候在一旁的主任看不下去走了过来把张娟叫出门外。他看了一下张娟准备的问题，欣然笑了笑，对她说："这些问题看起来写得很专业很有层次，但不实用。"

张娟纳闷了，说："这是我熬了两个晚上才写出来的，完全按照采访学上要求的问题排列顺序，由简单到复杂，由表层到深入，有哪里不对吗？"

主任拍了拍她的肩膀说："课本上的知识是死的，人是活的，你按照理论一味埋头苦干不会有什么结果的，你需要的是灵活的实际操作经验。"

张娟说："那要怎么问啊？不管我问什么，这位老板他看起来都很紧张。"

主任又说："你要以拉家常的方式和他聊天，而不是像你这样做得这

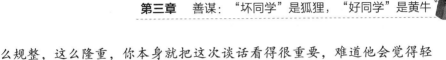

么规整，这么隆重，你本身就把这次谈话看得很重要，难道他会觉得轻松吗?"

张娟回想了一下，明白主任说得也在理。他俩相继又走进了房间，这次主任坐下来和这位老板聊起了天，他们聊到了老板养的花的品种及如何种植。之后，他们还谈了关于成败的问题，最后自然而然联系到他做生意的失败和成功。

在主任和这位老板的对话中，张娟记录了所有自己想要了解的信息，这些信息自己之前是以问题的形式罗列出来，但主任是通过轻松地聊天让被访者自己倾诉出来。张娟满是钦佩地看着主任，知道自己要学习的地方还有很多。

张娟是一个认真、踏实的女孩。有了采访任务后，她收集资料，整理信息，这些前期的准备是必不可少的。采访学中，人物采访这一章节有很多的规定，理论上她可以按照这些要求去做。但在实际采访中，这条路是行不通的。

这种情况的出现并不是张娟做得不好，只能说是她方式方法不对。因为一味地埋头苦干不一定就能取得很好的效果。"好"同学勤奋努力的同时，要用对方式方法，也要善于运用谋略。主任在和这位老板的交谈中，主任抛砖引玉地引出这位老板说话的欲望。接着又循循善诱，让这位老板渐渐把话题转移到自己的生意上。这种"抛砖引玉"、"循循善诱"……都不是埋头苦干能得来的，这也许是别人的经验之谈，但这已经是一种谋略。

■ PK 结果分析

- "坏"同学头脑精明，他们无时无刻不在"处心积虑"地寻求成功的方式方法。"好"同学努力工作，他们为自己的工作"鞠躬尽瘁，死而后已"。

- "坏"同学学历不高、也没有那么的博学，他们需要靠谋略获胜他人。"好"同学自视甚高，埋头苦干，虽然一心扑到工作上，但却不在意方式和谋略。

- "坏"同学的目标明确、功利性强。"好"同学默默付出、奉献精神强。

所以说，"坏"同学讲究方式方法使自己在成功之路上领先了一步，"好"同学埋头苦干，在成功之路上总是"步履蹒跚"。"坏"同学更适合当老板、领导，而"好"同学则成为员工、小卒。

Part 2 诡诈也不是一种罪

■ 狐狸：无商不奸，利润万岁

狐狸善于欺骗，在动物界是最不诚恳老实的动物。但是趋利避害只是一种本能，只不过狐狸表现得尤为明显罢了。

如果说欺骗有错的话，那么狐狸不去欺骗要如何生存呢？它们没有狮子强壮的体魄，没有老虎震慑四方的威严，它们在动物界只是弱小者，于是它们巧舌如簧，去努力争取别的动物的同情与支援。

"坏"同学也是没有优势的。而这种没有优势却成了他们最大的优势，因为这使得他们善于谋略。为了求得发展，在社会上争得自己的一席之地，他们就必须"设圈套"，虚张声势，制造"假象"来达到自己的目的。

说服是一门艺术。做业务的"坏"同学如果要想赢得顾客，让顾客接受自己的产品或服务，他们就要善于运用说服这门艺术。

例如，在销售领域，当顾客是高级知识分子时，有策略的"坏"同学在推销产品时，会采用一分为二的说法，先向顾客说明产品价格、质量、功能等方面的优缺点，再提供部分竞争对手产品的相关资料，最后抛出问题，看似是让这些高级知识分子做出自己的判断。其实，他们在提供信息的过程中已然偏向于自己的产品了。

如果顾客只有普通文化水平，他们则会单方面地讲自己所推销的产品的优势，对于劣势他们只字不提，他们试图利用产品的有利方面达到说服顾客的目的。

这是他们的经验总结，也是他们销售中的小计策。

都说无商不奸，商人的眼中只有利润。但是，商人在经商中也会打出"诚信是金"、"以诚立商"的旗号。

"坏"同学就像是精明的狐狸，他们善于使用计谋达到自己的目的。而这些计谋正是他们的聪明之处。

李嘉诚事业刚起步的时候，他只是一个塑胶厂的老板，每天关注塑胶行业的动态信息，已经成了他的一种习惯。

一次，他翻阅英文版的《塑胶》，看到了一则简短的报道，说是意大利已经开发出如何用塑胶原料制作塑胶花，这种塑胶花将被大量生产，并走向欧美市场。李嘉诚也想推广塑胶花引领国内市场，他决定去意大利看个究竟。

一不做、二不休，他快速行动，登上了去意大利的航班去进行考察。到了意大利，他在酒店住下后，立马四处打听这家塑胶公司的地址及其详细资料。他起初想到的就是马上购买技术专利，但这也太天真了。因为厂家除非濒临倒闭，无法自行进行产品的生产时，才会迫不得已出卖专利。而当下，此种情况的发生显然是不可能的。

他要如何和厂家接触，掌握塑胶技术还是一个难题。但他既然来了，就不打算空着手回去，这里一定有可行的办法。

出于无奈，他在这家塑胶厂门口转来转去，考虑着如何学到新产品的技术。看着眼前大批大批的生产工人，他想到了进生产车间的办法。这家塑胶厂还在招聘工人，他可以做一名工人从而进入塑胶厂。

在塑胶厂车间，他虽然是一个打杂的，但这正适合他去了解车间的生产流程。每天劳累的工作结束后，他都会把自己的所见所感写到本子上。几天下来，他对生产流程已经有了一个大致的了解。

然而，他所记录的都是一般的生产工序，没有什么特别之处，他有点儿气馁。毕竟，保密的技术环节岂是那么容易得知的。不过，在餐馆吃饭的时候，他认识了一些朋友，他们也是塑胶厂车间某一工序的技术

工人。

李嘉诚试着和这些技术工人攀谈了起来，他用英语和他们熟练地交流，询问他们塑胶花的有关技术。这些技术工人见他了解得很多，也各自说了自己所在工序上奇特的技术方式。

通过这些零零点点的信息，李嘉诚大致了解了塑胶花制作的要领。

回国后，他在国内塑胶市场上快人一步地生产了塑胶花。这时候，塑胶花因为在国外市场卖得很好，国内已经开始有人模仿制作。而他带着掌握的重要技术以快速行动抢占了国内市场。他的长江塑胶厂营业额急速上升，从此名声大噪。

李嘉诚的谋略在于他的灵活应变和模仿。虽然模仿很多人都会，但他为了某种产品只身去意大利，学习先进技术的勇气和胆略无人可及。"坏"同学就是这样，为了达到自己的目的，取得更大的利益，他们善于使用谋略抢占商机。

"坏"同学似乎对成功有着更强的欲望，在困难、无奈面前，他们不会轻易悲观、消极，而是主动寻求解决问题的方式方法。这些方式方法甚至某些时候带着些"阴谋诡计"的味道，因为他们的目的只有一个，即谋取更大的利益。

这种超前思维并能快速展开行动的能力，是"坏"同学的一笔财富。在生意场上、谈判场上等，"坏"同学还会利用他们的能说会道，利用自己的话语权，制造假象或错觉，做一个"得了便宜还卖乖"的人。

王灿成绩不好，高考落榜，父母都劝他继续复读来年再考大学，可他很固执，有着自己的看法，他觉得考大学不是人生的唯一出路。

他向亲朋好友们借了一点儿钱，加上家里给他的创业资金，就这样做起了服装生意。鬼使神差般，他的服装生意做得很好，这让亲朋好友、街坊四邻都感到出乎意料。

远观他的店面极其普通。在热闹的街市上，他的店面很不起眼，但每天他的店里人来人往，顾客特别多。有很多人问起他经营的秘诀是什么，他只是笑一笑避而不答。

在他的店里，服装样式很多都很新潮，质量也比较好，屋里的装饰都是采用暖色调，墙角还有一个音响，一天到晚都在放流行音乐。

一次，有一个女孩要来买一件 T 恤，这个女孩在店里转来转去，看着这么多的款式虽然有点眼花缭乱了，但女孩不急不慢，似乎很享受这样的氛围。

王灿不像普通店主那样跟在顾客屁股后面张罗生意，他通常都轻松自在地坐在那里看时尚杂志。但每次顾客看中衣服，问价格时，他立马起身，向顾客详细介绍衣服的款式及搭配方式。

至于价格，王灿做得更高明。这个女孩最后看上的是一件白色的 T 恤。衣服的标价是 58 元。

这个女孩说："我很喜欢这件 T 恤，就是太贵了，可不可以便宜一点。"王灿说："可以啊，你想花多少钱购买它呢？"这个女孩说："这件衣服，我想 40 元就能买到吧。"

王灿说："你的估计挺准的啊，你说的就是一般的市场价，但我这里做的是门面生意，成本高所以价格定得稍微要高一点。这样吧，你可以介绍你的朋友来多惠顾我的生意，我 38 元卖给你。"

这个女孩听了很高兴，满意地付过钱走了。这只是他所做的一笔小生意的缩影。

后来，王灿的生意越来越好，他赚得越来越多，一年后，他就为自己买了一辆车。

王灿不会做亏本的生意，首先他用店里轻松的环境留住了顾客的脚步，又用衣服的品质和优惠的价格留住了顾客的心。这样，他的生意越来越好。

如果王灿在价格上一点都不让步，恐怕就要把顾客吓跑了吧！普通收入水平的人们买东西的时候总喜欢讨价还价，做生意的人要做活生意且方式很活套才会更受欢迎。

"坏"同学就是利用了人们这样的心理，在他们做生意的时候，利用周围的环境做辅助作用，又利用自己的说辞把话说到人们的心坎里。他们利用这样的谋略，又怎么会不成功呢？

那些大公司之间的谈判，一个个在谈判桌上表示自己做了多大的牺牲和让步，其实都是一种"蛊惑"，这是他们造势的策略，他们的"小可怜"无非是想让对方放弃警惕，主动显出"同情心"而已。

"坏"同学可以说是大智若愚者，他们不会轻易亮出自己的底牌，他们对谋略的运用可以说是如鱼得水。

■ 黄牛：一条道走到黑

黄牛拉着沉重的犁，受农民的驱使，不得已而为之。自从身上有了那套缰绳，它们就不得不在田地里流汗出力。

"好"同学有了自己的工作后，他们就开始拼命。他们就像是伏尔加河上的纤夫，卷起裤管，每天都有劳累的工作缠身。从这一点上来看，"好"同学就像黄牛一样，他们为工作付出自己的心血。

黄牛木讷，安守本分；"好"同学坚守原则，从不要滑头。对于一单生意，"好"同学按照一般的模式和客户洽谈，他们不懂得笼络人心，不会使用辅助手段，不在乎结果如何。他们只要做出自己最大的努力，就感到问心无愧。

在做业务的时候，"好"同学按常规出牌，他们根据程序，努力地去说服，事情往往做得很机械。"好"同学不太会讨人欢心，他们说话做事直截了当，不会做铺垫或者"引君入瓮"。

要知道，中国是最讲究人情的国家，人与人见了面难免要寒暄几句，这里有人情在，有礼仪在。也许简单的几句逢迎和夸赞的话，就很快拉近了你和客户的距离。但"好"同学不在乎这些细节，他们不善于和别人套近乎。在他们的意识里，两个人见面既然是为了工作，那就打开天窗说亮话，直接开始谈论工作上的事就好。

"好"同学不懂拐弯抹角，他们尽最大的努力去说服对方，希望得到合作的机会，可是这样的结果并不乐观。他们为工作而工作，却得不到想要的成效。

董杰就读于名牌大学，学的是市场营销。他对销售很感兴趣，以为推销出自己的产品就是一种成就。在学校里，他认真学习专业知识，想着以后在销售方面大展身手。

毕业后，他到一家大的房地产公司做了业务员。作为业务员，他首先要做的就是了解公司的宣传册子，懂得公司的企业文化，还有公司的房产信息。

最近，公司花了大笔的钱做了很多房地产广告，意图提高公司的知名度，赢得更多的客户。

董杰觉得这是一个好的时机，他就在公司的宣传单子上留下了自己的手机号码，并沿着城市的主要街道把这些宣传单子发了出去。

有一天，一个客户给他打了电话，说是要购买一套房子，想了解一下房子的有关信息。接到电话后，董杰兴奋不已，他和客户约好了见面地点，准备协商有关事宜。

在见客户之前，他准备了很多的草案，这些都是为客户做的规划。在销售房子的同时，公司对房子的格局有一定的规划，规划中有家什的摆设，这些家什的摆设让人感到很温馨，有家的感觉。

见到客户后，他胸有成竹，感觉自己一定能卖出这套房子。他热情地向客户介绍了设计的草图，并加入了自己的一些看法。客户看着这些草图很满意，有很大的购买意向。可是，当他们开始谈论价格时，怎么都谈不拢，董杰一让再让，已经山穷水尽，说到了最低的价格。

董杰苦口婆心地又讲了一大堆，说到房子窗外的风景不错，并且地理位置不错，离商业街的距离适中，既能躲避闹市又能给生活带来方便。他说了很多就是没有再让价，客户想再考虑考虑。

眼看到手的一条大鱼就要跑了，董杰很惋惜，他把这件事和自己的搭档小郭说了说。小郭也觉得错过了这笔单子很可惜，可是公司有规定，有最低价格的限制。小郭想了想安慰董杰说他自有办法。

小郭搜集了别的房地产公司的房产信息，特别是在价位上和地理位置上和本公司做了比较。他主动打电话请客户出来吃饭，在两个人边吃边聊正尽兴时，他拿出了自己整理出来的资料给客户看。小郭最后说："房子关键是要有家的感觉，公司里的广告宣传语就是送给你家的温暖。一个长期在外漂泊的成功人士，需要的正是这样的感觉。"

客户看了资料，又听了他的一番肺腑之言后，很感动，很快和他签了单子。

董杰拿不下来的单子，而小郭就凭一顿饭的工夫和客户协商，接下了单子。董杰之所以没有成功，是因为他只是"晓之以理"，却没有"动之以情"。

小郭的做法就很聪明，他以和客户交朋友的方式，先是约客户吃饭，在交谈中抓住客户的软肋，把房子和家的感觉两者联系起来，从而打动客户。

当然，董杰也做了自己最大的努力，他把所有有利的信息都告知客户，还把价钱压到了最低，可是，客户还是没有接受，他已经没有了退路。也许，这一张单子没有成功，他只会感到遗憾，但不会沮丧，因为他自认为已经做出了最大的努力。

但小郭的成功，给"好"同学带来了启示：要想促成一件事，仅靠努力是不够的。当一件事通过自己的努力说服还是无法办到时，就可以采用"非常手段"。

"好"同学不善于使用诡计，他们本本分分做事，却不懂得如何说服别人。他们虽做出了努力，但最终还是看着机会从自己的面前溜走。

孟夏是一家营业厅的推销员。她热情开朗，每天都是面带微笑地为客户介绍各种各样的手机。

这样的工作是她走出校门后的选择，她已经拿到了学士学位，但因为自己长时间待在学校读书，已经不知道如何和别人沟通。所以，她想要通过工作改变自己。

在学校里，她每天在自习室、图书馆泡着。同学们都说她是个书呆子，这一点她自己也承认。在营业厅里，她虽然大部分时间依旧保持沉默，但一旦有顾客来，她都会主动和客户攀谈起来，了解顾客的需要，为其介绍最适合的一款手机。

有一次，一个顾客问："这一款手机都有什么功能？"

孟夏慌忙打开手机说："请你稍等，我都你看一下，这里的手机比较多，每个手机里的功能都不完全一样。"顾客站在一旁，耐心地等待，顺便看着其他的手机。

不一会，孟夏说："这款手机里有一般手机都含有的短信、电话簿、音乐播放器、相册、照相机、游戏等功能，比较特殊的是它还有蓝牙、电子书、网络服务。"

客户又问："这个款式都有什么颜色？"

孟夏说："有红、白、黑、橙四种，你看你喜欢哪一种颜色？"说着，她拿出了这款有四种颜色手机的宣传页。

客户看了看，拿不定主意，他随口又问了句："电池耐用吗？能用几天？"

孟夏愣在了那里，她不知道如何回答，每款手机的待机时间不同，有的久一点，有的就短一些，具体的使用天数还真不能确定，所以孟夏只好说："这个得根据使用情况，不好确定。"这时，旁边的小霞在给另一个客户介绍手机，客户问的是同样的问题，只听她说："我邻居家用的也是这款手机，听他说待机时可以用四天。"

孟夏如实告知自己不太清楚，顾客看了一下，感觉没有吸引自己注意的地方，转身走了。这时，小霞的顾客听了对手机的介绍后很满意，但还是没有拿定主意要不要买，毕竟只是普通的一款手机。

小霞见顾客还在犹豫，就又说："这款手机是店里卖得最好的一款，电池耐用不说，它的外观看起来落落大方，您还可以选择这款红色，给自己的生活添加不少喜气。"顾客听小霞这么一说，感觉挺好，决定买下手机。

孟夏走过去问小霞说："你邻居的手机电池真的能用四天吗？"

小霞笑着说："我没有这样的邻居，手机能用四天是根据我的经验判断，手机一般都能够待机三四天，顾客既然着重提出这个问题，就是想要一个待机时间长一点的，我何不让他称心如意呢？"

在一旁听着的孟夏愣住了……

孟夏的失败在于没有抓住顾客的心理，当顾客拿不定主意时，作为推销员，可以引导顾客做出决定。尤其在推销的过程中，不要让顾客做问答题，而要给客户抛出选择题。

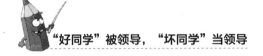

故事中的小霞看到犹豫的顾客，主动帮顾客做出选择，让顾客沿着她给出的思路思考下去，这样会很快得出结果。同样的一个问题"电池能用多久"，她俩的回答不同，最后导致的结果也不一样。

孟夏实话实说，从不敢妄下断言，而小霞则比较灵活变通，她不直接说出自己的判断而是借助邻居之口，从而让顾客信服。

同样是为了取信顾客，"好"同学往往会直接陈述，他们的实在并没有激起顾客的购买欲望。所以说，"好"同学做事总是欠缺火候，他们的说服力总是差了一点点。"好"同学总是拘泥于某种定势，他们只敢有一说一，有二说二，结果总是：十分的努力，半分的结果。

■ PK 结果分析

- "坏"同学善于运用计策，他们做事就像是在用兵打仗，在他们脑海中向来兵不厌诈。"好"同学实打实、硬碰硬，他们为工作而拼工作，没有什么技巧方法。

- "坏"同学灵活变通，在做事说话上总会设法让他人满意。而"好"同学坚守原则，一切从实际出发，只会摆事实、讲道理，很少顾及他人的感受。

- "坏"同学会猜心思，他们善于发现并满足对方需要的那个点。"好"同学找不到对方的软肋，不知道如何劝说。

所以说，"坏"同学善于使用计谋让自己取得成功，而"好"同学只会努力做事，却找不到成功的路口。在使用谋略上，"好"同学永远比"坏"同学后知后觉。

Part 3 借势是一种谋略，成功需要它

■ 狐狸：新狐假虎威，借他人之势为己之所用

狐狸在人们的印象中是最狡猾的动物。在寓言故事中，狐狸当了老虎的

信使，有一日，它看到森林里的动物看到自己后都迅速跑开了，它洋洋得意，以为这是动物们被自己的威势所吓倒。而实际上是因为自己的身后，森林之王老虎到了。

这本来是一个讽刺寓言，但换一个角度看问题，我们会得到不同的结果。狐狸其实没有一点儿威慑力，而它善于借助老虎的威风让自己在百兽中处于一种很高的地位。"坏"同学就像狐狸，他们为达到自己的目的，会招贤纳士，借助他人的力量使自己更容易扶摇直上。

一个人的力量是有限的，要想办成一件大事，就要依靠别人的力量，或者说是团队的力量。"坏"同学可能学历不高、能力不足、威望不够，但他们善于借助身边的人或者做一些事来提高自己的知名度，让自己的事业取得成功。

举一个简单的例子。"坏"同学是极善于做广告的，为了公司的产品被大众广泛地了解，他们会聘请知名人士或明星来代言这个产品。这种以明星效应为产品赢得品牌效应的做法在商界已是屡见不鲜了。

一个人的力量是有限的，就像蚍蜉撼大树，对于事情的成功没有一点儿影响力。可是，如果众人的力量团结在一起，奇迹便发生了。"坏"同学深谙这个道理，在自己不起眼，不被众人所看好时，他们会通过借势使自己赢得成功。

蒙牛乳业创始人——牛根生曾是伊利乳业的第一功臣，他曾为伊利赢得了80%左右的营业额。然而由于特殊原因，他离开了伊利，自己白手起家，在内蒙古大草原上创办了"蒙牛乳业"。

可是，市场前景并不乐观，因为伊利已经统治了乳制品行业，况且当时乳制品市场已经接近饱和。作为一个新生的乳制品品牌，蒙牛只能在夹缝中求得生存。为了扩大自己的乳制品市场占有量，牛根生迫切需要提高自己所创建的蒙牛品牌的知名度。

在商界，墨守成规的营销策略已经不可能取得重大突破。牛根生选择另辟蹊径，提出了"创内蒙古乳业第二品牌"的口号。这是一个大胆且出其不意的创意，某种程度上会吸引消费者的眼球，赢得人们的关注。

可是，仅是这样还不够，如何让消费者由关注品牌到产生购买欲望还有一长段路要走。当时内蒙古乳制品市场的第一品牌仍旧是伊利，牛根生就想以伊利为依托，他想让消费者通过伊利了解蒙牛。

1999 年 4 月 1 日，这是一个平常的日子，不同的是在呼和浩特市主要街道上多了 300 块蒙牛的广告牌。这个广告牌上写的是：向伊利学习，为民族产业争气，争创内蒙古乳业的第二品牌！这些广告牌的影响是巨大的，它给人们认识蒙牛创造了一次机会，并且给人们留下的印象是仿佛蒙牛也很大。内蒙古老百姓把这个新鲜事当做茶余饭后的谈资，蒙牛的名声就此传开了。

一个月后，又发生了一件稀罕事，48 块蒙牛的广告牌一夜之间被砸。这本来是行业之间的竞争导致的冲突，但牛根生又借此把坏事炒作成了好事，化危机为机遇，他利用这次蒙牛广告牌被砸事件让社会对蒙牛的关注度再度升高。蒙牛品牌在老百姓心中的印象更深了。

牛根生后来把广告做到了冰激凌包装纸上，广告的内容依旧是"为民族工业争气，向伊利学习"。就这样，牛根生借助伊利这个高知名度的品牌让消费者了解了蒙牛，最终为后来蒙牛与伊利比肩而立奠定了良好的基础。

"坏"同学善于借助东风，善于借助他人之力来达到自己的目的，说他们是善于借势的狐狸一点儿也不为过。牛根生离开了伊利，本以为他"绕树三匝，何枝可依"。

但牛根生借势让自己重新站了起来，他的蒙牛乳制品最终由原来的借势变得越来越强势。

"坏"同学是预谋成功者，他们就像是爬山虎，依靠墙壁的直立一步一步攀爬，从而让自己到达预想的高度。

每个人都有自己的知识储备，有多有少，但在追求目标的时候，我们完全可以借助他人的能力或所掌握的知识来满足我们的需要。

比尔盖茨出生在一个中产阶级家庭，在他 13 岁的时候发现自己对软件方面很感兴趣，于是他开始编写计算机程序。

1973 年他考入了哈佛大学，可是他的心思并不完全在学业上，但他和其他同学不一样，相比所学专业他更专注于自己的计算机事业。

于是，在大三的时候，他毅然选择了辍学，和自己孩童时代的好友一起创建了微软公司。在这个公司里没有特殊的衣着服饰要求，也没有严格苛刻的规章制度，但有一个重要的决策层。比尔盖茨明白宽松、自由的工作环境对培养和吸引个性和创新型人才很有必要，而仔细倾听公司里聪明人士的意见，是公司未来发展的最佳动力源。这就是为什么微软公司能吸引许多有不同想法的人，并能在决策会上听到不同的声音。

当世界因特网潮流来临时，一开始，比尔盖茨并没有想过微软的发展趋势会排在前几位，但因特网发展的速度之快到了人无法想象的地步，出于对整个市场的考虑，比尔盖茨及他的团队觉得有必要为此作出行动。

当时微软赖以生存的产品是 Windows 和 Office。但这些市场占有率已经接近饱和还有同行业间的价格竞争等因素，微软如果想赢得丰厚的利润，就必须开辟新的业务。

在互联网时代，微软加大了其在网络领域的投资。值得一提的是，在 1997 年，微软以天价 3.5 亿美元并购了硅谷一家成立不足两年，而其员工不过 20 多个人的 hotmail 公司。

比尔盖茨之所以对这个小公司如此重视，是因为该公司免费提供邮件业务，有着广泛的用户资源。所以，他就亲自出马，和 hotmail 公司年轻的创始人在谈判桌上进行了详谈。

这次谈判很成功，他们沟通交流，就并购问题进行协商，双方从最初的接触到完成最终签约用了不到三个月的时间。

事实证明，比尔盖茨的决策是对的，微软公司借助 hotmail 所带来的注册用户和迅速扩大的业务，使公司的 www.msn.com 网站成为全球注册用户最多和访问量最大的网站之一。

比尔盖茨一步步的成功有很多的助因。微软并购 hotmail 公司是一个大胆而极具风险的决策。而正是这个决策使他借助 hotmail 之力，使自己旗下的

MSN 成为全球访问量最大的三大网站之一。

回忆以往，比尔盖茨第一笔生意是与他的姐姐合作，当时他的姐姐是哈佛的学生会主席，这笔生意让他有了一笔钱。而之后，他用这笔资金和 IBM 签约，而他的母亲就是 IBM 的董事会会长。

"坏"同学善于利用市场形势和人脉关系让自己取得成功，他们的成功可以说是一种必然。这种狐假虎威式的谋略好似他们的专利，他们运用自如，在社会上为自己争得一席之地。

■ 黄牛：踏实、勤恳，却不懂借外力之助

黄牛在人们的印象中是一种任劳任怨、无私奉献的形象。"好"同学从小认真听讲，完成老师布置的一大堆作业，他们没有任何怨言，"好"同学的骨子里有黄牛的那种踏实、肯干的拼劲。

在原始的农耕时期，人们就是利用黄牛来耕地。黄牛成了农业生产的主力，是农民家中的宝。牛稳重、可靠、奉献的背影在人们的脑海中挥之不去。

然而，在竞争激烈的当下，农业生产机械化，黄牛已经退出了历史舞台，已经没有了原来的价值所在。"好"同学的脚踏实地、吃苦耐劳在社会上会不会"吃得开"，使自己的事业如鱼得水呢？

默默耕耘的牛，是在用体力开辟着属于自己的天地。"好"同学总想凭着自己的知识和能力去开创自己的事业。

而现实社会中，人与人的沟通和合作越来越广泛，可以说这是一个相互借力发展的社会。小到包括我们日常的购物，大到国际间的贸易往来，都在借他人之力或他国之力来满足各自的需求。

"好"同学在自己的岗位默默无闻地奉献，他们渴求机遇，他们怀抱李白"天生我材必有用"的情怀，等待着机遇的到来。他们有时也会抱怨：

"为什么我在领导面前感觉没有什么共同话题，而那些拉关系者有那么多的说辞，并还为此职位高升……

为什么我在处事中坚守原则，一切为公司利益着想，而相比那些处

事圆滑的人，我总赢不到大家的满意……

为什么我的方案比不上人家借来的方案，对于成功，我总是晚了一步……"

"好"同学的务实精神没有错，错在不会依靠身边领导、同事、朋友的力量使自己更出色。"好"同学还不懂：借势也是一种谋略，而成功需要这种谋略。

他是索尼人力资源的主管，在自己的岗位已经默默工作了三年，他在公司里不是什么风云人物，也没有见过领导几次面，他只是静静地等待自己升迁机遇的到来。

有一次，公司里的一名员工在出差的时候腿部意外骨折，已经影响到了工作。领导把这件事交给了他，要求他马上解决，他费劲脑汁在想解决办法。这样的事在公司从没有出现过，自是没有先例可以借鉴，是否赔偿、如何赔偿、赔偿多少等都是难题。而这件事如果处理不好就会影响公司在员工心中的形象。

如果继续拖沓下去，就会造成更大的负面影响，而自己苦无良策。

他一直以为自己见多识广，可现在开始嘲笑自己的黔驴技穷。这种介于公司利益和员工利益之间的权衡，他没有什么概念，毕竟，自己所掌握的这方面的信息几乎为零。

在领导要求期限的最后一天，他依旧一筹莫展，这时，他的好朋友刚好有空来拜访他。好朋友问他："你怎么愁眉苦脸的，难道是一向独立、不依靠他人力量的大师傅也遇到了难题？"

他说："公司里遇到了一件事，是挺头疼的，我想了好几天了，还没有想到合适的解决方案。"

这位好朋友听到后笑了起来说："你就是这样固执，自己不知道怎么做你不会问问别人的意见啊，什么事都喜欢自己一个人扛。"

他向朋友说明了事情的原委，朋友在别的公司做的也是人力资源，给他提供了十几条建议。

他茅塞顿开，想到了这件事的处理方案，还草拟了一份部门处理类似事件的流程报告。领导看到这份报告后很满意。

事后，他问起朋友是怎么得到这方面的相关信息的，朋友道出了其中的秘密，说这都得益于自己经常参加人力资源方面的活动，结交了很多业界人士，平时大家通过电话相互沟通一些信息，如果谁有解决不了的难题，大家都会根据自己的经验，给予相互的帮助。

他听到后若有所思……

在工作中，"好"同学总想着避免错误，得到老板的赏识，可是不管自己多努力，效果都是很一般。故事中的"他"如果善于利用自己身边的人脉资源，"他"还会默默无闻工作三年得不到赏识吗？

能和自己交往的人有很多，包括亲人、朋友，自己认识的甚至不认识的人，这些都可以成为潜在的资源和能量。一个人所接触到的领域有限，一个人的智慧和能力有限，要想让自己在事业上有所成就，就要像冯虚御风的鹰，而不是缓慢爬行的蜗牛。

成功的方式有好多种，为什么不选择最快的一种方式呢？借助别人的优势来成就自己的事业并不是一件可耻的事，"好"同学在认真踏实做自己的事的时候，要注重加速度。

要有加速度，就需要积累自己的人脉。这种人脉的积累势必会出现应酬。在职场中，做业务的"好"同学很头疼应酬，比如请客吃饭之类的事。他们觉得工作就应该踏踏实实、一步一个脚印，那么多虚的没有半点用。真的是这样吗？

李勇在名牌大学毕业，学的是市场营销。在面试的时候，他向老板谈论了自己对营销理论的理解，老板很欣赏他，让他做了销售经理。

由于他是一个新手，老板还派了有丰富销售经验的杨志做他的助理。杨志很早就辍学干起了销售，他比李勇年龄小，但看起来却比李勇成熟。很快，他俩成了好朋友。

作为销售经理，李勇难免要陪客户吃饭。而这成了他最害怕的事，如果自己和客户身份类似，都是高学历者，从生活到工作上的事，有不少共同的话题。可是如果遇到的客户是隐藏于各行各业的富豪老板，他就只能噤若寒蝉，变得没什么好说的了。

助理杨志经常提醒他说，只有和客户聊出兴趣聊出热度才会聊出生意。李勇苦笑，他说："有没有一种话题，大老板们都能接受，这样我就不用煞费苦心地没话找话说了。"

杨志很得意地笑了笑说："这个当然有，以我的经验，大老板都关注国家大事、宏观的经济政策等，他们关心时政，有时候还会说一些指点江山的评论。"

李勇说："国内国外的事，各行各业的事，大大小小的事，那么多，我怎么知道他们关心哪些事？"

杨志说："这就是为什么我每天上班的第一件事就是上网看新闻，除了时政，我连娱乐和体育新闻也不放过，总之从最近、最新、最大的事开始就没有错。"

后来在一次与客户吃饭的过程中，李勇谈起了迈克尔·杰克逊，这个在世界各地都极具影响力的流行音乐歌手。谁知客户中有一个刚好是迈克尔·杰克逊的歌迷，客户还给他讲了更多关于迈克尔·杰克逊的事，他们相谈甚欢。

这次愉快的畅谈之后，李勇赢得了一单不错的业务，而他把这次成功归功于杨志。他自己也没有想到应酬竟然能够发挥如此大的作用。这件事之后，李勇开始对杨志刮目相看了。

"好"同学是实干家，但他们往往不懂应酬。故事中的李勇就是一个典型的例子。"好"同学骨子里认为，踏实务实才是正道，而用其他方式方法取得的成功只是"歪门邪道"。

可以这么说，"好"同学不善于借助外物使自己走向成功。他们自我感觉很好，他们崇尚一夫当关，万夫莫开的气势和气魄。

其实，应酬也是一种艺术，也有其中的技巧。人凭借应酬联络感情，并加深彼此更深的了解。"好"同学在为人处事中，要转变自己的思维，重视借

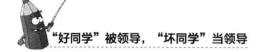

势的力量，这样才会加快自己成功的步伐。

■ PK 结果分析

- "坏"同学不是振臂一呼，应者云集的英雄，但他们善于借助他人的力量，尽快使自己距成功更近。"好"同学就像是孤傲的独行者，他们做事完全靠实力，一点一点地缩短自己与成功的距离。

- "坏"同学主动寻求帮助，他们总在寻求捷径，使事情更快地完成。"好"同学追求"路漫漫其修远兮，吾将上下而求索"。

- "坏"同学注重的是合力产生的效果。而"好"同学要求比较纯粹，他们紧靠一己之力，从不求于他人。

所以，"坏"同学一般比"好"同学更早地取得成功。在学历、学识上，他们没有"好"同学那样的优势，但他们有自己的谋略，只要是有利于己者都可以为己之所用。"好"同学喜好单打独斗，他们能力有限，认知范围有限，他们把自己局限于一个小的领域，在某方面是擅长者，终究会被借势的"坏"同学招揽，成为"坏"同学的部下。

第四章

善隐："坏同学"是毒蛇，"好同学"是白兔

职场、官场、商场中，"坏"同学面对人情冷暖时，相较于"好"同学会淡定许多，对于人生聚散看得比较开。就像亲人朋友，总有聚有散，更何况同事，所以，即便是有些伤感，也不会影响到他们的工作情绪，相反，他们可能会从中找到难得的机会。"好"同学即使是其他同事调动或是离职，情绪也容易受到波动，甚至一气之下跟着关系好的离职同事一起走，气别人之所气，失去了原本属于自己的发展机会。

因此说，"坏"同学就像冷血理性的蛇，"好"同学就像热血沸腾的兔子。

另外，在做事方式上，"坏"同学也极具蛇的特性，虽然有时也会昂头，但更善于匍匐前进，这样便可以避免暴露自己，引来祸端。骄傲的兔子却总想竖起耳朵，站直身子蹦跳着前行，结果可想而知。

Part 1　应对流言蜚语

■ 蛇总是浅浅入耳

在印度的神话故事里，蛇会随着音乐左右摇摆。不过，这是很荒谬的事情，因为蛇的听觉很不灵敏，它只能听到频率很低的声波。对于流言蜚语，"坏"同学的听觉会有意地变得和蛇一样迟钝。

"坏"同学不计较那么多，他们也不轻信谣言，对于办公室里的是是非非，他们听而不闻。"坏"同学在流言蜚语上表现得无所谓、不在乎，其实是一种大智若愚的表现。

流言蜚语是什么？

从字面意思上就可以看出是一些"无厘头"的话，这些话是没有事实依据的，是一些利用他人的好奇心得以散布的有损别人声誉的坏话。

蛇所能听到的声响可以说是浅浅入耳。它们耳朵的特殊构造影响到了它们的听觉。它们没有外耳和中耳，所以不擅长接收靠空气传播的声波，但它们对于地面上传来的震动异常敏感。

所以，当人行走在荒凉的草地上或是用棍棒敲打地面或是加重脚步行走，都可以驱赶近处的蛇，我们经常说的"打草惊蛇"就是这个道理。

"坏"同学不会一味地保持沉默，除非你在他面前指指点点，说三道四，他们才会给予回应。这就像是受到地面震动的蛇。

同事经常提醒他："你听到办公室里的其他人怎么评价你了吗？你该不会到现在还不知道吧？办公室里已经闹得沸沸扬扬的，说你没有办事才能，业务上没有一点儿天分，只会在领导面前拍马屁。"

遇到这种情况，"坏"同学听到同事的提醒，一般都会说："是吗？知道了，你忙你的吧，我得先走了，我今天下午要见一个大客户。"

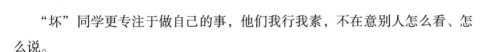

"坏"同学更专注于做自己的事，他们我行我素，不在意别人怎么看、怎么说。

我们可以用一句话来形容他们的心态，"走自己的路，让别人说去吧！"

郭涛是公司里的"空降兵"。他靠自己和公司经理的关系进入了这家广告公司。

这个广告公司的经理是郭涛的高中同学。同学大学毕业后，进入职场，虽然经历了很多挫折，但最终小有成就，当上了经理。

郭涛没有考上大学，但一直对动漫设计非常感兴趣。如今，他的动漫制作已经达到了一个相当高的水平。这次到公司来，是老同学主动联系他，让他协助自己开好公司的。

所以郭涛进公司后，直接进了高收入的业务部，周遭的同事还不怎么了解他的广告制作水平。有一次，他在拥挤的电梯间无意中听到同事正在议论他。

一个同事说："郭涛挺不错的啊，刚入职就可以拿到高薪，也不知道他有什么过人的才能。"

另一个人说："我最看不惯这种托关系取得的职位了，他有什么可骄傲的，说不定就是个'阿斗'，还有，平时在公司见了他，他都不怎么搭理人。"

又有人说："他刚到公司还没有多久，我们也不要妄加评论人家了，说不定人家能力真的挺高的，只是我们还不知道。"

"未必，我可很不看好他。"第一个挑起话题的人接着说。

讨论声接二连三，郭涛挤在人群里，一言不发。

电梯到了，郭涛平静地走出了电梯门，后面的几个同事这才注意到他也在人群中，一个个不禁傻了眼。

对于郭涛来说，这样的流言蜚语伤害不到自己，因为与其相信别人的胡乱猜疑，恶语中伤，不如一笑而过，用自己的业绩来证明自己的实力。

办公室的流言不足为惧，只要自己知道自己在做什么，并按照自己认为

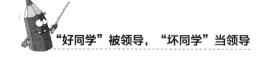

对的事去做就可以。

"坏"同学面对流言总是粗线条，这些流言就像风一样，从他们的耳边吹过，浅浅入耳即可。

■ 兔子不论巨细，尽收耳中

回想一下，我们抱兔子的时候，都是轻轻地、慢慢地，害怕惊扰了它。"好"同学自尊心强，就像是敏感的兔子，他们听不得一点儿否定的声音，他们自我感觉良好，但更注重别人对他们的评价。

兔子是柔弱的，看上去弱不禁风，"好"同学也一样。走入社会后，"好"同学会受到不同程度的打压，他们就像是受惊的小兔子东躲西藏，不愿面对这个残酷的现实。

在"好"同学的脑海里，有太多美好的想象。他们生活在对未来的幻想中。"好"同学的纯洁就像是兔子身上白白的皮毛，什么潜规则，什么暗箱操作，在"好"同学心里只有一个模糊的概念。

兔子以其柔弱赢得他人的喜爱，"好"同学以其聪慧赢得他人的称赞。兔子作为一种食草动物，它们要躲避食肉动物的攻击，它们的反应特别灵敏，稍有风吹草动，它们就会竖起耳朵，收录所有的声响，并处于一种警觉的状态。

"好"同学一向聪慧，以高姿态自居。对于流言蜚语，他们像兔子一样是"愿闻其详"的。在职场中，经常会听到"好"同学这样询问他人："你知道某某是怎么评价我的吗？他是不是说我的坏话了啊？他怎么能这样评价我呢？"

也许他人会安慰"好"同学说，没有这样的事，别人也是随口说说而已，不要放在心上。而"好"同学则会一直放在心上，念念不忘，反思自己哪一点出错了，变得心事重重。

徐倩是一个品学兼优的学生，她的学习成绩一直都很好，是个典型的在老师、父母的夸赞声中长大的女孩。

　　她做事认真努力，唯恐有一丝的疏漏。转眼间，她大学毕业了，开始了自己的职场生涯。她在一家物流报做实习记者。

　　这个物流报虽是物流公司的内刊，但它面向全国各大物流公司发行，其影响力也是挺高的。徐倩十分爱好文学写作，也十分喜欢文字编辑工作，并且对自己的写作水平很自信，认为自己的文采不错。

　　可是，她对物流业了解得很少，在工作之前没有这方面的知识储备，所以在主编让她写文章时，有时会觉得力不从心。

　　一次在公司的员工餐厅吃饭的时候，她突然听到身后隔两个桌吃饭的同事在小声议论自己。

　　其中一个同事说："你看过徐倩写的文章没？太幼稚了，还文绉绉的，这让我想起了自己高中时写的小作文。"

　　另一个说："刚走出校门的学生，都只会这样写作，他们太偏重于文章的文学性，而不是商业性。"

　　这两个人继续议论着，说着说着转移了话题，又谈起了工作上的其他事。徐倩在一旁听着，心里感到很不是滋味。她开始对自己感到失望，心里老想着刚才同事讲的话，变得烦躁不安。

　　徐倩太在乎别人对自己的评价，以至于她陷入苦恼中不可自拔。人无完人，同事有意无意地评价其实是无伤大雅的事。这种言论传到自己的耳朵里后，自己大可不必惊慌失措，忧心忡忡。

　　"好"同学对同事的议论听得太认真，太仔细，他们太在意自己在别人心中的形象。不过，一个寻根究底、不肯罢休的人如果时时刻刻在意别人对自己评判的言语，那么这个人将活在别人的"口水里"。这样的人自己都得不到心灵的宁静，更别说领导他人做事了。

　　一个人职位越高越容易成为别人评判的对象。当一个人的心情极容易受到外界的干扰时，他又怎么能带领团队完成自己既定的目标呢？

　　王铮以优异的成绩毕业于名牌大学。他自认为自己分析、预测能力很强，为了让自己更快地适应这个社会，他选择了做销售。

他的第一份工作是在一家销售公司上班，公司经营的是各种健身器材。这些健身器材中卖得最好的一种就是按摩椅。它可以缓解人们的颈椎疼、腰疼等症状。

王铮从业务员开始做起，由于他讲解清楚、服务周到，他的业绩一直在前几名。

工作一年后，他觉得自己的推销能力有了很大的提高，对自己很自信，他已经成为公司里元老级的人物了。公司人来人往，不知做了多少更替，但他觉得自己能留下来就是胜利。

他现在是公司里的经理人选，再过几天，公司要公开投票选举经理，他也在做准备，早早地写好了自己的讲演稿。

公司要投票选举那天，办公室里沸沸扬扬，大家都在讨论选谁最合适。王铮站在门外，隐约听到有位同事说："谁的业绩好就选谁吧，这样既公平又合理。"另一个同事却说："光凭业绩还不行，得看谁会办事，做事情能够考虑全面，得有管理才能。"又听到有人说："那这样说王铮就不行，他空有一个好业绩，但他做事直来直去，把精力都放在拉业务上，不懂得和同事搞好人际关系。"

同事们的议论还在继续。王铮听着周围同事的议论，觉得头都大了，他暗想，自己努力做得这么优秀，竟然还是不能让有些人折服，他很是失落。

在演讲竞选时，他一直受刚才同事对自己评价的困扰，头脑开始一片空白，演讲也开始语无伦次。最后因为他的失常表现，他落选了。

本来王铮信心百倍，最后却发挥失常，这与他的心态有极大的关系。当听到别人对自己否定的话后，他就变得怅然若失。这说明他太在意别人的评价。他通过自己的付出和努力建立自信，却又因为别人对自己的否定又开始不相信自己。

其实对于流言蜚语，好同学王铮大可不必这样。自己不是圣人，为什么要取悦所有人呢？每个人都有自己的看法，也许你不被说自己是非的人看好，但这并不代表你也不被其他人看好。

自己的这种敏感，加上事无巨细的听闻，无形中给好同学的成功之路设置了障碍。

■ PK 结果分析

- "坏"同学的听闻像蛇的听觉一样，不管自己听到什么，只要自己问心无愧，别人说什么都无所谓。而"好"同学则像兔子竖起大耳朵，对别人的议论了解得越清楚越好，并把自己听到的话装在心里，反思自我。

  "坏"同学对于别人背后的议论，像秋风扫落叶一样一笑置之，而"好"同学听到关于自己的非议就像听到天大的秘密一样，他们偷偷记在心里，并为此焦躁不安。

- "坏"同学不拘小节，显得很大度，容易拥有好人缘，而"好"同学有点儿小肚鸡肠，他们偏听议论，并耿耿于怀，让自己陷入一团乱麻中。

  所以，相比之下，"坏"同学可以轻松地在职场上打拼，赢得属于自己的一片天地，可以独立成为领导。而"好"同学背负着"舆论"的重担，让自己举步维艰，很难有所成就，始终是一个需要关照的小弟。

Part 2 嫉妒与否

■ 蛇：视觉迟钝但专注

蛇的头很小，视觉很不敏感。它的双眼位于头的两侧，视野重叠的范围很小。并且，它们对静止的东西视而不见。这一点，有点儿像"坏"同学的作风。

"坏"同学饱尝工作的辛苦，他们对自己取得的成绩已经感到很欣慰，对于别人取得的更好成绩，他们是不屑一顾的。

蛇的身体结构特征使蛇的视觉迟钝而有限，而在观察中可以发现，仅凭着范围很小的双眼视觉，蛇的行动是很快的。"坏"同学有自己的目标，有自己的规划，只要是确定了的事，他们就会朝着这个方向做出努力，他们不专注于比较，他们只知道一味地向前，这一点就像快速爬行的蛇。

"坏"同学知道自己努力的方向，他们不会花太多的时间去和别人一决高下。如果你告诉他，谁谁业绩排名第一，谁谁晋升为了主管，谁谁因表现突出拿了奖金等，他们会冷冷地回答你：这是什么时候的事？这关我什么事？

"坏"同学没有攀比的心思，他们的行走路线就是点与点相连的直线，这就是他们早已为自己设定的捷径。那种名叫嫉妒的情绪是不会在他们身上找到的。

对于他人的成绩，"坏"同学的视觉变得像蛇的视觉一样，迟钝而有限。"坏"同学并不在乎别人做了什么，他们专注于自己的事。

张慧慧是应届毕业生，由于自己学的是专科，又没有其他特殊的才能，她想找一份文职之类的工作，后来阴差阳错进入了一家发行汽车用品报的小公司。

由于自己学的是新闻专业，她就去面试了记者的工作。可是，由于公司的规模比较小，刚刚成立一年的时间，记者也需要跑市场、拉业务。

张慧慧本来打算辞职的，她性格比较文静，说话细声细气，觉得自己不适合做这份工作。可是，老板鼓励公司的所有人努力。她想着自己刚走出校门，不应该为自己设那么多的界定，决定留下来试一试。

来公司的前几天，并没有采访任务，老板就让她坐在办公室了解《汽车用品报》。她静静地坐在办公室里，看得很认真很仔细。偌大的办公室里，她感到有点儿空落落的，自己的同事们有的在玩手机，有的在小声聊天，她不主动和别人说话，只是专心研究这份报纸。

一个星期后，老板让公司里的七八个人全部去调查市场，给了他们一天的自由时间，可以结伴也可以单独行动。张慧慧决定一个人单独调查，到了汽配城后，她挨家挨户详尽地向商家介绍这份报纸，对于商家的疑问，她是有问必答。可当她询问是否要在这份汽车用品报上做广告时，商家都回绝了。

一天下来，回到公司后，同事们都在议论当天的成果，一个同事说："我联系了 20 个客户，他们虽然都还没有答应下来，但有好几个客户有做广告的意向。"另一个同事说："我联系了 30 家，可人家都没有做广告的意向，哎，联系这么多有什么用啊？"……

同事的议论声不绝于耳，张慧慧并不放在心上，突然，公司里最活泼的王娜跑到她身边，问她："你今天联系了几个客户啊，怎么样啊？我今天拉来了业务，有两个客户说要在报纸上做个小广告。"张慧慧回了句："那挺好的啊，我今天联系了 10 个客户，但都没有结果。"

王娜很得意地走开了。在这之后，张慧慧一如既往，很耐心地向客户介绍《汽车用品报》，她全心地投入，毕竟，自己在做业务上只是一个新手，她想着自己会越做越好的。

几个月后，她的客户源开始慢慢积累，两年以后她所获得的业绩在公司排名第一。

张慧慧对自己能力的分析很透彻，做业务并不是自己的强项，所以她不会处处拿自己的业绩和别人比。拉业务本身就存在很多偶然和幸运，如果因为短时间的"技不如人"而感到失落，对别人产生怨恨的话，自己会有什么长足的发展呢？

"坏"同学会选择一如既往地做事，当别人跑到他们的面前向她炫耀所取得的业绩时，就像事例中的张慧慧只是简短地回了句"那挺好的啊"。

别人骄人的业绩与自己是没有多大关系的，"坏"同学更看重的是自己的业绩。

嫉妒是不会引人走向成功的，一个人时时刻刻盯着别人的成就而不专心做好自己的事，又怎么会成功呢？那些坚持自己的梦想并不断做出努力的人才有可能踏上成功之路。

李扬一直热爱影视艺术和文学艺术，成绩平平的他初中毕业后却选择了参军。在部队里，他只是一个不起眼的工程兵。虽然自己的很多同学都考上了高中，但他深信，自己虽早早地离开了校园，可终究会有一

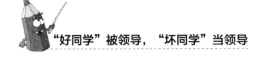

番成就。

作为一个工程兵，他挖过土，建过坑道，运过石灰，学过盖房子。部队里的生活劳累而辛苦，但一直有一个信念支撑着他，那就是在影视上有所作为。

从电视上看到的成名的影视明星有很多，对于李扬来说，自己太渺小，就如大漠里的一粒沙，大海里的一滴水，但他想要被大众所了解，发挥自己演艺才能的愿望从没有放弃过。

他除了工作之外，每天还抓紧时间读书看报，他深知自己不能与外界脱节，自己虽在部队里，但知识、观念不能落后。在部队期间，他看了很多的影视剧本。在空闲的时候，他也尝试着搞一些小创作，写下属于自己的文字。

退伍后他当过工人。后来，大学恢复了招生考试，他顺利地考上了北京工业大学机械系，也成了一名大学生。而此时，自己的朋友、同学都已经步入职场，成家立业，自己却还一无所有，只是空有影视梦想。

但他不气馁，不放弃。在朋友的介绍下，他开始参与很多外国影片的录音工作。他的声音很有特点，在配音工作中逐渐形成了自己生动、活泼、极具想象力的配音风格。再后来他参与了《西游记》中的孙悟空的配音工作，还有风靡世界的动画片《米老鼠和唐老鸭》中唐老鸭的配音等。

现在的他以独特的风格赢得了众人的喜爱，成为中国著名的配音演员。

看到同龄人的成就，李扬没有产生过嫉妒心理，他也羡慕那些上了高中的同学，他也欣赏在影视上崭露头角的明星。但他并没有因此而妄自菲薄。

成功永远属于那些有准备的人。"坏"同学明白：当自己还没有取得什么成就的时候，大可不必把别人的成就拿来压迫自己。这种压迫会让人产生嫉妒的心理，而这种消极的心理只会减弱自己的斗志。

"坏"同学忙于自己的奋斗，他们没有太多的时间去关注别人的辉煌，没有了情绪上的惆怅和羁绊，他们更容易完成自己的梦想。

■ 兔子：视觉敏锐却分散

和蛇相比，兔子的视觉敏感，它们总在寻找长势最好的那片草地。如此敏锐的视觉为它们的生存提供了得天独厚的优势。

"好"同学像兔子一样，"好"同学在学习上争先恐后，拿自己的表现和别人比，拿自己的成绩和别人比。班上谁的学习成绩好，谁的毛笔字写得好，谁的素描画得好，他们都了如指掌。

正所谓"见贤则思齐"。"好"同学永远眼观六路耳听八方，他们不服输，恐落人之后。"好"同学拥有像兔子一样敏感的视觉，他们看到别人比自己优秀后，有实力者会暗下决心赶超他人，而能力不足者也许会产生嫉妒的心理。

看到别人比自己优秀，有些"好"同学会很容易愤愤不平。这只能说他们的心胸太狭窄、太敏感。"天外有天，人外有人"，要知道这一论调从古至今已存在很久了。

所以说，"好"同学容易被外事所扰，他们情绪的波动幅度比较大，在他们不停地与别人比较的过程中，他们的心绪不容易"风平浪静"，有时甚至会"惊涛骇浪"。

毕业于名牌大学的小邹是一家时装杂志的编辑，她每天的任务很轻松，主要是对各种服饰风格写简短的小评论，还要写当下的流行风格和自己的看法。

在上大学的时候，小邹就喜欢服饰美学，她课下看了很多这方面的书籍，并上了关于服饰的选修课。所以，这对于刚入职场的她来说，工作就是小菜一碟。

在办公室里，有一个和小邹志同道合的女孩，叫郭瑞。郭瑞毕业于一个不起眼的美术专科学院，学的是服装设计。两个人认识了之后经常在一起交流心得，成了最好的职场伙伴。

在一次月底评选会议上，郭瑞被评为"最佳员工"。同事们都对她表示祝贺。小邹坐在一旁没有说话，她在回想平时的工作情况。小邹想了好久都没有想明白，郭瑞和她形影不离，她们一起吃饭，一起上下班，没有什么不同，可这次为什么郭瑞评选上了"最佳员工"，而自己在公司里还是不怎么突出。

回想在平时的工作中，两人的做事风格有很大的不同。在写文章方面，小邹上网搜集资料，并加入自己独到的评论，她写的文章越来越好，她明显地感到自己有了很大的进步。而那时的郭瑞似乎在写作上不那么用心，更多的注意力都放在自己的着装打扮上了。

郭瑞虽然文章写得一般，但是屡次在会议上受到领导的好评。小邹这才注意到，郭瑞处事八面玲珑，她总能让自己引起上司的注意，并在工作中取悦上司。每当小邹和郭瑞一起走路时，遇到了上司，郭瑞总是笑脸盈盈地打招呼，有说不完的话，而小邹从不知道要说什么，她感觉很压抑。

郭瑞渐渐成了同事们眼中的"红人"。而小邹感觉自己就像是丑小鸭，在人群里得不到别人的关注。小邹和郭瑞的差距越来越大，虽然郭瑞对她还和以前一样，但她开始厌恶郭瑞了。

在一次她俩关于服饰风格的讨论上，小邹对郭瑞说："你发表意见时，说话能不能柔和些，我怎么感觉你这么强势，让我听着不舒服。"郭瑞说："我说话语气和原来一样啊，是你越来越疏远我了。"小邹接着说："我感觉你和以前不一样了，不只是说话这一方面，你说话做事能不能不这么招摇。"郭瑞明显感到小邹对自己的不耐烦，起身离开了。

这更让小邹觉得郭瑞不可一世到了极点，从此再也不想搭理她。

小邹可以说被自己的嫉妒淹没了。郭瑞处事圆滑，使自己在职场中左右逢源，而小邹不善于表达，总以为自己受到领导、同事的冷落。

她们两个在处理人际关系上有很大的差别，但显然，郭瑞比小邹活泼，在说话做事上更懂得变通，这才使得她成为"公司最佳员工"。

"好"同学争强好胜，有很强的嫉妒心理。因此，小邹觉得其实没有变化的郭瑞在举手投足间发生了很大的变化，并且说话的方式也变得很强势，所以她对郭瑞开始越来越感到不满。这种嫉妒使小邹产生了错觉,最后,两个人由朋友变得形同陌路。

当员工、朋友之间的能力、地位相当时,如果一方获得了上司的认可、加薪、升职或培训的机会时,另一方就很容易产生嫉妒的心理。尤其是好同学,鲜花和掌声听多了,更加不愿承认别人比自己强。

▓ PK 结果分析

- "坏"同学像蛇一样视觉迟钝而有限,他们往往无视周围人取得的成就,他们有自己关注的事。"好"同学像兔子一样敏感,视野范围很广,他们像瞭望者一样,紧盯他人的成就,害怕自己落于他人之后。

- "坏"同学有点儿"麻木不仁",别人取得的成就对他们是没有多大刺激的。他们显得无动于衷。"好"同学谨慎细致,留意着别人的业绩,一旦别人超过了自己,他们就会感到不安。

- "坏"同学没有负担,他们只要求自己做好自己的事,完成自己的目标。"好"同学被别人骄人的成绩所累,他们不断鞭策自己达到别人所在的高度。

所以,两者相较,"坏"同学根据自身情况能够很快达到自己的目标。而部分"好"同学不切实际,一味地抬高自己的目标,看似目标近在咫尺,但却无法到达。

Part 3 情绪的不同

▓ 蛇理性冷血,心情淡然不易受波动

蛇的身子是冰凉的,它们被称为冷血动物。它们没有自己固定的体温,它们的体温随着周围环境的变化而变化。对于温度,它们有超强的适应能力。

"坏"同学在和同事共事时,他们没有太多的热情,也不会过于疏远你。

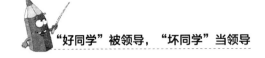

他们就像是体温随环境而变化的蛇。

都说天下没有不散的宴席，"坏"同学是深谙这个道理的。他们的心情淡然，极少因职场人事调动而在情绪上大起大落。

在"坏"同学眼里，他和同事的关系就像是同一辆公交车上的乘客。乘客有上有下，大家彼此陪伴，一起走过一段不远不近的路，然后，大家各奔东西，走自己的路。

所以，"坏"同学对新职员的加入或者老同事的离去没有多大情绪上的变化。在职场中，他们做着属于自己的工作，心中装着工作上的事，而至于陪伴自己工作的人，他们是不大在意的。

"坏"同学在人际关系上表现得相当地冷静。他们就像是理性冷血的蛇，对于周围人的去留，不会对他们形成太多的感情牵绊。

杜涛是一个很有抱负的人，他早早地离开了学校，希望自己在社会中得到磨炼。但学历低使他在求职中遇到了瓶颈，但他肯付出，有耐力，在工作中敢于挑战自我，上司交代过的任务，他会千方百计地寻求解决办法，让上司满意。

他平时在职场中沉默寡言，同事之间没有过多的交流，他一心扑在工作上，在一点一点地积蓄自己的力量。

如今，他已经是有着多年工作经验的财务主管，但他的职业目标并不止于此。最近的几个月，部门同事不断有人离开，公司里没有了往日活跃的氛围，大家沉浸在伤感中。

离职的人员中，有两个杜涛的好朋友，杜涛不喜欢和别人打交道，而这两个好朋友陪伴在他身边，使他感觉自己并不是孤立无援。杜涛很伤感。

在一次公司员工聚会上，同事之间相互敬酒，相互表达着自己的感激之情。同事小张很激动，说道："曾经和我一起喝得烂醉如泥的哥儿几个就剩下我了，想当初我们一起出差，一起加班加点，一起打游戏……"

说着说着，小张又喝起了酒，又有同事说："同事之间好不容易培养出来的感情，说破就破了，能不让人感到惋惜和伤心吗？"

大家你一句我一句，还沉浸在老员工的离职中，一时间气氛有点尴尬。这时，杜涛站起身来，说："我们会牢记和老同事短暂的相处，让我们为新员工的加入而干杯。"

这时候，在中间位置坐着的老总第一个站了起来，举起了酒杯。那些伤感的同事整理好情绪，一个个站了起来。

在后来的几天，仍旧有人员离开，连一直受大家敬重的负责销售的副总也离开了。副总在工作中不断鼓励大家，大家和他比较亲近。这无疑在挑战公司所有员工的心理极限。

大家心里有说不出的滋味。有几个员工还因为工作心不在焉，没有完成工作任务。

为了调动大家的积极性，老总决定提升杜涛为销售副总，让他成为大家工作的主心骨。接任后，杜涛召开了会议，着重宽慰大家的情绪。

最后，他以自己的工作能力和获得的经验为公司创造了更高的效益。

杜涛没有沉浸在同事离职的感伤之中，面对好友的离职，虽然他也曾有过感伤和不舍，但他以最快的速度调整好了自己的情绪，让自己完全投入到工作中。

公司老总正是因为看到了杜涛的沉稳和淡定，最后委以重任，使他得以发挥自己的才能。

可以说，"坏"同学之所以"没心没肺"，是因为他们看重的不是同事之间"感情上的事"，而是一直放在心上的"工作上的事"。

这并不是意味着"坏"同学不在乎"同舟共济"的同事，只是他们更在乎的是如何应对今后的"狂风暴雨"。在这个到处都是"沙场"、到处都充满竞争的社会里，为了求得生存，为了让自己更优秀，"坏"同学只有让自己变得很平静，他们不会让自己情绪上的波动影响到自己的工作。

■ 小兔热情满满，风吹草动心飘忽

我们经常看到兔子之间的追逐，却极少看到蛇与蛇之间的并排。兔子总

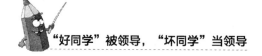

是在伙伴之间蹦来跳去，表现得很活泼很欢悦。

"好"同学就像兔子一样，他们活跃在同事之间。他们为自己培养了和谐的职场人际关系。在职场中，他们受到同事的关照和提携。

如果把公司比作一棵树的话，那么每个职员就是树的一条根。而茂盛的树下，树根都是错综复杂的，根与根之间牵牵连连。由于根的目的都一样，就是最大限度地汲取养分，让树木更高大、更枝繁叶茂，所以根形成的这种"互助"关系也就不足为怪了。

职场中的同事之间的关系就像是相连着的根。树根紧紧相依，同事们朝夕相处。他们一起开会讨论、一起出差、一起汇报工作……这种亲密的关系使得他们相互支持和依靠。

同事之间的感情不同于亲情和友情，但也是一份沉甸甸的感情，放在职场中人的心里。"好"同学特别看重感情，他们受不了自己身边的人事调动。

在职场中，如果遇到身边的同事离职，你会听到他们的抱怨："我的好朋友走了，我还留在这里干嘛……公司人事调动太频繁了吧，职员来了又走，我现在很烦无心工作，也害怕和别人成为朋友了，免得到时候伤感……"

另外，如此重感情的"好"同学，如果和同事的关系闹不和，他们往往还会意气用事，他们离开的理由可能是："我的主管老是分派给我好多任务，他在有意刁难我，我不会再与他共事了……我看不惯同事中的某某，有他就没有我，我很生气，我要辞职……"

"好"同学就像神经高度敏感的小兔，在职场中，他们不懂得如何左右逢源，他们的情绪会因工作上的事或是同事之间的关系的变化而产生波动。

王杰毕业于名牌大学，酷爱影视和广告。他的梦想就是将来自己开一家广告公司，制作出别具一格的广告。在学校里，他阅读了大量关于广告和大众心理的书，此时的他认为自己已经积累了足够多的知识储备。

毕业后，他和同窗好友李文一起来到了郑州。他俩胸怀满腔的热情，半个月的求职奔波过后，终于应聘到了同一家广告公司。

由于有朋友的陪伴，来到这个陌生的城市，王杰并没觉得生活有多艰难。一切进展还比较顺利。

　　两个人一起租房子，一起上下班，但彼此保持着经济上的独立。

　　可是，紧张有序的工作进行了一个月后，王杰开始彷徨。因为公司所接的广告业务都是关于农药、化肥、种子等。他对这一领域的广告创意渐渐失去了兴趣，开始变得麻木。

　　生活日复一日，由于没有了原来找工作时的激情，对工作不满意，他开始变得烦躁不安，越来越没有心思写广告文案。他不知道自己怎么了，不能让情绪安定下来。

　　由于基础好，他设计的广告被客户看中了两个，而李文的广告文案一个也没有被选上。在一次吃饭的时候，职场的同事说起了好友李文的业绩为零，满是嘲弄的语气。当时他和李文就在旁边吃饭，李文气不过就和那个找茬的同事大吵了一架。

　　李文变得心情沮丧，他本以为自己在广告领域可以做得很好，可结果不尽如人意，又受到同事的嘲笑，他觉得自己实在无法在这个公司待下去了，就选择了辞职。看到即将愤然离去的好友，王杰心里更乱，一方面这是自己热爱的工作，但还没有得心应手，一方面是自己的好友，两个人志同道合，他夹在两者之间，不知道该做何选择。

　　最后，王杰还是和李文一起递交了辞呈。临走时，经理极力挽留，对他们说："你们已经掌握了扎实的理论，又有良好的文笔，而河南的广告市场主要是有关农业，希望你们留下来磨炼几个月，到时候有名额的话会派你们到上海那边的公司。"可李文去意已决，王杰只好跟着他离开了。

　　"好"同学就是这样意气用事，耐不住寂寞，像故事中的李文，他到公司的一个月虽没有创下业绩，但可以静下心来慢慢磨炼自己，积累经验，完全不必因为同事的说笑就想到辞职。

　　工作不会都是一帆风顺的，总有很多意想不到的麻烦事让自己变得消极和沮丧。王杰和李文都没有控制好自己的情绪，在他们失去了工作的同时也失去了将来更大的发展机会。

　　"好"同学感性，面对一些不愉快的人或事，一个人如果心思不宁，总想着不顺心的事，又怎么能做好工作及搞好同事之间的关系呢？

人生中会遇到很多的转折，当大势已去，如果不能安抚自己的心绪，使心境平和下来，那么会很难取得很高的成就。

"好"同学在为人做事中，要注意把控情绪。只有保持波澜不惊的心态，才会让自己沉稳成熟，从而在事业上有所成就。

热情的"好"同学也许会问：人非草木，孰能无情？面对职场上人员调动或者是自己工作上的成败得失，表现出自己的喜怒哀乐是最正常不过的事。其实，面对工作，面对生活，收拾好自己的心情，淡然处之，两方面才不会相互干扰，才会获得轻松和宁静。

■ PK 结果分析

- "坏"同学面对人事调动，他们总显得若无其事，从不情绪化，在外人看来，他们好似铁石心肠。而"好"同学热情洋溢，他们和同事建立亲密友好的合作关系，面对人事调动，通常情绪波动很大。

- "坏"同学反应迅速，面对无法改变的事，他们坦然接受，以最快的速度转换好自己的心情。"好"同学敏感而反应激烈，他们对于周围突然的变故，往往需要很长的一段时间去消化，他们的心情也将长时间地受到影响。

- 如果把不好的情绪比作一场雨的话，"坏"同学的心情是雨后就会出现彩虹。而"好"同学的心情是雨后的阴云连绵天。

  所以，"坏"同学可以更好地掌控自己的情绪，他们懂得如何取舍，明白自己在做什么，他们不会让自己的情绪影响到工作。这种顾全大局的思维和做事方式更容易使他们成为行业的领导。而"好"同学通常比较感性和情绪化，而不能很好地控制自己的心情，只能做一个随从者，一个小弟。

第五章

够狠："坏同学"是魔鬼，"好同学"是天使

魔鬼无惧于一切，有着毁灭性的执着。在他们看来，"即使让我拿出所有身家、一切精力、时间去拼，我也愿意，不论什么样的困难，我都不会低头，一条道走到黑，总有看见黎明的时候。"相反，天使崇尚条条大路通罗马，于是，路有很多，一条条地试，遇到困难就"此路不通，另辟蹊径"，其实正如"坏同学"王召说过的一句话，"给自己留了后路相当于是劝自己不要全力以赴。"

"坏"同学，"好"同学，一个魔鬼般的性情，一个天使般的心肠，注定了不同的人生航向。

Part 1 对自己

■ 魔鬼的心狠之又狠，即使是对自己

魔鬼就是作恶多端的代表，唯恐天下不乱的是魔鬼，助纣为虐的是魔鬼，总之，魔鬼是心狠手辣的代名词。魔鬼在实现自己的很多目的之前，势必先要把自己修炼为金刚不坏之身，所以，魔鬼对别人残忍，对自己也残忍。

"坏"同学当然不是指心地如魔鬼一样残忍的人，而是说，"坏"同学在某些时候，就像魔鬼一样天不怕、地不怕，拥有这心理的前提是要能忍受常人不能忍受的"痛"，从这一个角度说，"坏"同学对自己也挺"狠"的。

"坏"同学因为成绩差或者是调皮捣蛋而受过不少"皮肉之苦"，对他们来说，自己就是伴随着"皮肉之苦"成长起来的，久而久之，他们也不把这当回事，在这种环境的熏陶下，"坏"同学变得能忍受常人不能忍受的苦。

另外，"坏"同学虽然学习成绩不好，但是，讲义气却是他们共同的特征，为朋友两肋插刀的事情想必很多"坏"同学都做过，宁愿自己受惩罚也绝不能把朋友"供出来"，所以他们对自己真的能下狠心。

根据"坏"同学以上的经历，"坏"同学不怕狠，也不怕对自己狠，所以能扛下更多的事情，能度过更多的难关，也就更容易成功。

正是这样的"狠劲"也让"坏"同学尝到了很多别人尝不到的快乐，自然也就比别人得到更多。

黄海在上学的时候就想开一间主题酒吧，刚毕业的学生没有几个有能力独自创业的，黄海也不例外。

黄海没有资历找到好工作，既然这样，就辛苦一点去跑保险了，如果做得好的话赚钱也快。

　　黄海正式成为保险公司的一员，也许是在学校吹牛的时候练就的好口才，总之，黄海对客户总能侃侃而谈。

　　能拉住客户就意味着能拉住单子，也就意味着黄海有一个好的业绩，所以，黄海不仅加薪而且连连升职。

　　转眼间，两年过去了，就在黄海的身价还能再升的时候，黄海做出了一个令他人不解的决定，他辞职了。因为他始终没有忘记自己的主题酒吧梦。

　　朋友："真不知道你怎么想的，这个想法有点疯狂啊！你想想，以你现在的情况，没准能成为公司的顶梁柱，到时候公司就跟你自己的一样，为什么还要冒险去创业呢？"

　　黄海："可是，在保险公司工作不是我梦想做的事情。"

　　朋友："你现在开酒吧，需要投入很多资金，你这两年的积蓄都投进去不说，说不定还要欠外债。"

　　黄海："做生意本来就是有风险的，难道就因为有风险就不做了？"

　　朋友："就算你没有赔，在盈利前的这一段时间内，你的生活质量就要大打折扣了，你为什么要跟自己过不去呢。"

　　黄海："这些我都想过，不就是重新回到原来的状态嘛，苦点就苦点，我不怕。"

　　朋友："开公司当老板自己要操心的事情就多了，可不比你现在这样轻松，你还要承受更多的压力，你想过这些没有？"

　　黄海："好了，你说的这些我都想过了，谢谢你，但我已经决定了。"

　　好好的工作辞了，这不是每一个人都能做到的，因为要承担很多风险，还要承担很多的压力，这所有的风险和压力以及外界的看法都需要黄海一个人承担，从这方面说，黄海对自己真够"狠"。

　　老板的确很风光，出有豪车，入有豪宅，但为什么不是每一个人都能成为老板呢？有人说：一个人光鲜的背后一定有不为人知的付出。的确是这样，没有一个人的成功是随便的。如果黄海没有一定的承受能力不敢下这样的决心，也就不会当上老板。

翻看"坏"同学成功的经历，都少不了是在经历很多困难的事情之后才能成功的，或者是在历经磨难之后又起死回生，有时候，"坏"同学知道走这一步将是一步险棋，但是为了赢得更高的目标，他们也愿意冒险试一试。

阿萨·坎德勒1851年出生在美国一个较为富裕的家庭中。在美国内战之后，因为父亲得了重病，一家人的生活也陷入了窘境。

当时的阿萨为了分担家庭困境，19岁的他决定开始找工作，因为从小父亲就希望他成为一名受人尊敬的医生，所以阿萨就到小镇上从一个药店的学徒当起。

两年之后，阿萨离开了小镇，虽然口袋里只有1.75美元，但是阿萨还是踏上了去大城市的路，因为他想在大城市里寻找更好的未来。

到了亚特兰大以后，好不容易有一家药店决定收他做员工，但因为与老板的女儿相恋被阻，阿萨坚决地离开药店，决定自己创业。

离开药店之后，阿萨与朋友开了一家批发零售药材的公司，一次，一家药剂所门前竖起了一个"可口可乐提神健身液"的招牌。

当时，可口可乐还是被作为治疗病痛的一种药物，被阿萨发现之后，阿萨觉得这是一个商机，他决定入股，事后，又花光了自己所有的积蓄将可口可乐配方全都买断。

为了将精力都放在可口可乐的销售上，阿萨果断地将手中的其他生意都停止了，这项决定在朋友看来实在冒险极了。

朋友很纳闷，药材的零售批发生意已经可以保证生活得安稳，为什么要去做一件充满风险的事情呢？而且还把自己所有的积蓄都押上，这实在是太不理智了，连一条退路都没有。

阿萨将所有精力都放在可口可乐上之后，把可口可乐的定位由原来的"药物饮料"转变为供大众饮用的饮料。

后来阿萨开始了可口可乐的推销之路，并认真地做着每一笔生意，他赢得了越来越多的客户，最终他将可口可乐的品牌推到了全世界。

阿萨·坎德勒没有好的条件，只能从学徒做起。从最低的起点开始，然后又在没有资金支持的窘迫情况下，离开小镇去大城市闯荡，这本身就需要很大的勇气，因为出发前一切都是未知，即将遇到什么也都是难以预料的，而阿萨·坎德勒却没有过多地考虑而是毅然地去大城市发展了。

当生意稳定了，生活也好了的时候，阿萨·坎德勒在不知道可口可乐的市场前景如何的时候又将所有的积蓄都拿出来，孤注一掷地投入到未知领域中，这也是需要很大的勇气才能决定的。就像旁观者说的那样，这是非常有风险的事情。

正是阿萨·坎德勒拥有常人不能及的勇气，承担着所有可能发生的风险，用自己的努力闯出了一片新的天地。

有时候，人对自己"狠"一点，会出现意想不到的惊喜，而"坏"同学总是在进行这样的尝试，所以"坏"同学坐上"领导"的位置也不是没有道理的。

■ 天使有那个心，没那个胆

天使是爱的化身，拥有善良和慈悲的品质，天使总是在善良地帮助他人，在天使身上，你看不到残忍的特质，所以天使也不可能对自己"狠心"。

"好"同学从小以学习为重，在"好"同学眼中，只有学习是"正道"，所以尽量远离是非，唯恐卷到是非之中。另外，"好"同学之所以称为"好"同学，是因为他们乖巧听话，恨不得自己所走的每一步都由家长来设计，从上小学到上大学，他们从来不会做出让他人大跌眼镜的事情，更不会去冒险，所以"好"同学也不会做出大人认为出格的事情。

家长对"好"同学的要求就是：只要学习好就行了。然后他们一心只读圣贤书，两耳不闻窗外事。

"好"同学的以上特性，让他们养成了只做有把握的事情，"好"同学的思维中没有去冒险的想法，因为冒险意味着有风险，这样也会让自己承受着有可能失败的压力，如果有一个机会摆在他们的面前，他们会说：万一失败了怎么办呀？从小养成的特性让"好"同学即使看到了一些机会，也不敢轻易地尝试。不做没有把握的事情是他们的准则。

如果一直做有把握的事情，当然不会出现轩然大波，他们不能对自己"下狠心"，就像天使从来不会对自己"残忍"一样。

宋丽学的会计，毕业于重点大学，毕业之后没有意外地进入了一家外企公司，当起了财务，在外人眼中，宋丽就是令人羡慕的白领。

小的时候，宋丽就经常听爸妈说：没有什么比稳定更重要了。在上大学选专业的时候，宋丽也听了父母的话，选择了会计，理由是：会计是一个安稳的职业。

每天波澜不惊的生活，宋丽渐渐地厌烦了。一天，她碰见自己的一位朋友。朋友说："我的咖啡店总算走入正轨了，我也可以放松一下了。"

宋丽："真羡慕你，可以自己做老板，不用过着每天朝九晚五的生活。"

朋友："你想做也可以呀，你还是学会计的，肯定比我做得好。"

宋丽："创业哪有那么简单，我又没有资金，难不成要我去借钱创业？"

朋友："我也是借了朋友的钱，借钱怎么了，又不是不还。"

宋丽："我又没有经营的经验，如果万一经营不好，难道要过上欠债的生活，我可受不了。"

朋友："你怎么知道会失败呢，我的条件不如你，我都不害怕，你怕什么，你纯粹是自己吓自己。"

宋丽："你的心态很好呀。"

朋友："你就是典型的自我矛盾型，想过自由的生活还怕承担风险，上班又觉得乏味，你想怎么办？"

宋丽："我不得不承认，你说得很对。"

朋友："哪个当老板的最初的时候不是承担着一定风险的，难道你不知道舍不得孩子套不住狼吗？其实是一样的道理。"

宋丽："你说的我都知道，我就是有心无胆。"

大部分的"好"同学在毕业之后会做着安稳的工作，如果一直安稳地做下去也好，而有一部分"好"同学就像宋丽一样，在厌倦了波澜不惊的生活后想有所改变，但是又害怕承担风险。宋丽把自己分析得很清楚，就是有心无胆，这也是典型的"好"同学心理。

宋丽就像其他"好"同学一样，他们从来没有想过如果不按常理出牌会是什么样的，所以不敢轻易地尝试，当自己有一些冒险的想法时，他们首先做的是自己吓自己，然后把自己的想法压制住，继续安稳地生活。

生活中有很多极限运动，就像蹦极、冲浪、滑雪等等，之所以称为极限运动就是挑战人的心理和身体的承受极限，为什么带有危险性质的运动还是受如此多的人追捧呢，因为那些人所要体验的是不同寻常的刺激，也是常人所不能体会的，能承受他人不能承受的就能得到他人不能得到的感受。道理是一样的，"好"同学对自己不够"狠"，通常最安全的做法是怎么安稳怎么来。

做老板或者做领导的人通常要做很多决策，这些决策在事情没有发生之前就要施行，所以承担风险是一定的，但是他们之所以成功就在于他们敢于冒险，敢于让自己在风口浪尖处迎接风浪。而"好"同学显然缺乏这样的勇气。

王舒学习一直很好，从小学到大学，不是重点就是名牌。上大学期间，学习的专业是人力资源管理，毕业之后开始忙着找工作，周转于各个公司之间，最终被一家大公司录用，入职公司行政部，王舒还算满意。

行政部加上领导一共有四个人，进入公司没多久，王舒就赶上公司的一个大型工程，公司因为扩大规模，又招进不少新人，老的办公地点不够用了。因为公司要搬家了，而且还要重新装修，这些事情当然是归行政部了，这下行政部有的忙了。

此时正好赶上行政部经理请假期间，所以公司让行政部剩余的三个人自主推荐自己，看谁可以挑起这次装修的大梁。

王舒心想："装修肯定不是好差事，身体累不说，如果装修得不好，不仅上司不满意，同事们肯定要嘀咕，到时候不就显得自己很没有能力；况且，财务所支付的资金又非常有限，这分明就是一个很难做好的事情，

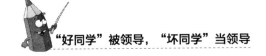

没准做了还吃力不讨好呢，我不要做。"

此时，王舒没有想到，行政部的另一个同事小佟主动推荐自己主持这次装修的工作，小佟是与王舒同一批来的公司。

装修的工作日渐准备着，小佟顶着巨大的压力每天都忙得不可开交，忙着如何用最少的钱装修出最好的效果，每买一件东西都要反复地对比。

终于，装修完工了，公司也到了搬家的时间了，这下，也是全公司的人检验小佟工作成果的时刻，结果是，小佟迎来了全公司人的掌声和赞扬，装修很成功。

这个时候，王舒心中很不是滋味，早知……

可惜，没有"早知"，只有现在的结果，小佟在这次装修中体现的能力大家有目共睹，也在领导心中留下了深刻的印象。

半年后，原来的行政经理辞职了，而小佟自然成为新的行政经理。

王舒的想法很现实，因为这的确是一个苦差事，何必给自己那么大的压力呢，好好地做着日常工作有什么不好吗？王舒的想法是没有什么问题，只是，当看到小佟受到表扬的时候，王舒内心又不能坦然地接受，这就是王舒矛盾的地方，从这里可以看出，王舒希望那时得到掌声的是自己，也希望被升职的是自己，只是王舒不愿意承受装修所带来的麻烦和压力。

很多"好"同学就像王舒一样，症结就在于"对自己不够狠"。"对自己不够狠"并不是说对自己不够残忍，而是不愿承受任何不好的感受，比如过度劳累，比如过大的压力，比如大众的争议。其实每个人都不希望经历这些，只是有时候要实现更高的目标，就必须要经历这一切，所以，当"好"同学总是逃避这些不好的感受时，也就失去了潜在的"领导力"。

■ PK 结果分析

- "好"同学因为乖巧，所以没有受过太多"皮肉之苦"，对于苦累的承受力比较低；"坏"同学调皮捣蛋，"皮肉之苦"就像家常便饭一样经常发生，这使他们能无视劳累或者辛苦。

• "好"同学过惯了安稳的生活，不愿冒险是他们的特性；"坏"同学从小就开始了各种旁门左道的游戏，日子越新奇越有意思，所以他们不喜欢安稳的生活，即使冒险，为了追求不寻常，他们也会在所不惜。

　　不管是身体的劳累，还是心理上面的压力，"坏"同学的承受能力都比"好"同学要强，是因为"坏"同学的天性使然也好，是从小养成的习惯也好，总之，"坏"同学能对自己"狠"的特性让他们更容易成为经历风雨的"领导"。

Part 2　对他人

■ 魔鬼：对别人的仁慈就是对自己的残忍

　　魔鬼可不是好惹的，且不说你惹了魔鬼没有好下场，有时，你不惹他还有可能受到威胁呢，要知道魔鬼对自己的对手仁慈那就不叫魔鬼了。

　　"坏"同学的"坏"不单单指学习成绩不好，如果这样也就算了，让人不省心的是，"坏"同学还会招惹是非，"坏"同学的脸上就是"我可不是好惹的"表情，在小小年纪里，偶尔欺负一下"弱小"来显示一下自己的强大也不是不会发生的，就更别提他人来招惹"坏"同学会是什么下场了，"坏"同学肯定不会善罢甘休的，"大事化小，小事化了"根本不是"坏"同学的作风，他们唯恐天下不乱，唯恐日子过得平淡无味，所以与"敌人"势必要僵持到底。

　　"坏"同学信奉如果对"敌人"心软，"敌人"就会得寸进尺地欺负到自己头上，因此不能对"敌人"过于仁慈。甘拜下风会让他们无比难受，所以"坏"同学很有做领导的风范。

　　"坏"同学不会对"敌人"仁慈的特点就像魔鬼不会放过招惹自己的人一样。当"坏"同学进入到社会中时，不管是自己经营公司还是进入职场，都会遇到很多的竞争对手，双方各自为了利益而针锋相对，各自想办法周旋于如何使自身获得更多的利益。"坏"同学势必要争取属于自己的利益，他们敢于与对手"过招"的特性会让他们得到更好的发展。

谢峰很早就离开学校了，然后到父亲的装修公司上班，父亲没有想到，谢峰在学习上不开窍，在谈生意上却是一套一套的。

这天，王先生来到公司，谢峰接待了他："先生，有什么需要帮助的？"

王先生："我刚买了房子，现在就要装修。"

谢峰："那您的预算是多少呢？"

王先生："预算大概就在8万元以内，刚买完房，现在到处都需要钱，孩子马上要考大学了，所以尽量不要超出这个预算。"

谢峰答应了，开始率领装修队开工。

在装修的过程当中，王先生不断要求保证装修效果，很多东西都要求好的，如果按照他的要求，装修费用一定会超过预算。谢峰揣测，王先生说预算是8万，但即使是10万应该也能接受。于是，为了获得王先生对装修效果的认可，谢峰开始不断地建议王先生："室内的漆很重要，必须用最好的漆才能保证健康安全"、"还有这个门，必须要最好的，现在的防盗措施一定要做到最好"、"现在要把橱柜和衣柜都做好才行，拖的时间越长越不划算。"

王先生听了之后说："你这样要求，我觉得恐怕要超出预算了呀。"

谢峰："装修是大事，一辈子就装修这一两次的，最好一步到位，你要是将来再换，会更不划算的。"

王先生听了听觉得也是，就同意了。

装修结束了，王先生对装修效果很满意，但装修费用是105000，王先生对谢峰说："还是超出了预算呀。"

谢峰："装修超出预算是很正常的，您这超出的还不算多，但您看装修出来的效果，绝对值呀。"

王先生："看来，以后我要省吃俭用了，呵呵。"

父亲见谢峰很能揣测客户的心思，处理问题也很灵活，于是就把公司交给谢峰打理，最终谢峰也把公司经营得有模有样。

顾客与商家之间是买卖关系，买家出的价越高，对卖家就越有利，所以从这一个角度说，在买家与卖家"竞争"关系中获胜，就要争取为自己赚取利益。

王先生已经表明如果超出预算会给自己带来经济压力，而谢峰并没有真的乖乖听王先生表面的话，而是揣测他求好的心理，既满足了客户的真实意愿，也为自己公司赢得了更大的利润，谢峰的方法才是做生意可取的方法。如此看来，谢峰非常适合做生意，也有望成为成功的老板。

"坏"同学的"坏"并不是真的做一些出格的事情，而是在某些情形下用一些特别的技巧方法去达到自己的目的，而这些方法在他人看来是无可厚非的，也并不是真的对对手"残忍"，而是特定的游戏规则。

陶志属于天资聪明又天生贪玩的人，把什么都不放在眼里，几乎是一路混到了毕业，无所事事的他在朋友的关系下进入到一家公司。

陶志虽然不爱读书，但并不是没有优点。一次，公司要拓展规模，建立分公司，要购买一块地皮，经考察之后，公司看中了一栋小楼，无论是地理位置还是面积都非常合适。

但是，这栋小楼已经卖给一个准备开酒吧的商人，这位商人以45万的价格买下之后就开始大肆地装修，光装修费就花了30万，即使这样，还没有装修完成，但是，现在的支出已经远远超过了预算，所以这位商人已无力再维持下去。

这对陶志的公司来说无疑是一个好消息。陶志自告奋勇地要求去跟这位商人谈判，对陶志来说，"拿下"这位商人简直是小菜一碟。

陶志："我想以45万的价格买下这栋小楼，卖不卖？"

商人非常吃惊地说："开什么玩笑，我买的时候就是45万，又加上装修投入了30多万，你看现在基本已经装修好了，你们连装修都省了，上哪儿去找这么好的事情呀。"

陶志："你的装修倒像是个花哨的酒吧，我们是用来办公的，到时候势必又要把这些全换了，花费的钱更多，算下来我们也不划算，这样吧，我再加 10 万，55 万是我们预算的底线，你要是不同意我们就重新选址。"

跟着陶志一起去的同事听陶志报出价格的时候也吓了一跳，可没想到，商人答应了。因为商人觉得虽然赔了将近 20 万，但是如果一直这样拖下去，欠的债会更多，眼下先把银行的贷款还上再说。而陶志正是猜到商人会这样想，所以陶志觉得 55 万正是合适的价格。

回来的路上，同事说："陶志，这下那位商人就赔了将近 20 万呀，这可不是一笔小数目，你也真敢叫价。"

陶志说："我是站在这个商人的角度，考虑他的处境才定的这个价，这叫生意场上的策略，这意味着为我们公司省下了 20 万的开支。"

公司也对陶志的贡献惊喜不已，日后有重大事情都会让陶志参与，陶志很快成为公司业务的顶梁柱。

陶志的做法无可厚非，就像陶志说的那样：这是生意场上的策略。能为公司省下 20 万的开支，并不是每一个人都能做到的，因为这里面会有人就像陶志的同事那样"不敢叫价"，那吃亏的肯定是自己。

有人会有这样的经验，去买衣服的时候，当老板说出衣服的标价时，有的顾客敢大幅度地砍价，而有的顾客却是小幅度地砍价，也就是日常生活中不会砍价的类型，显然，敢于砍价的顾客通常能以较低的价格买到同样的衣服。其实，这是同样的道理，你如果对竞争对手仁慈的话，吃亏的是自己。

就像陶志一样，"坏"同学更擅长应付竞争对手，换来的也是利于自己的利益，这当然能给"坏"同学带来更好的发展了。

■ 天使：冤家宜解不宜结

天使是如此美好的形象，是化解他人痛苦的使者，所以天使不仅不会跟他人结怨，还会竭尽所能地化解怨恨。

乖巧听话的"好"同学就像天使一样，希望"天下和平"，"好"同学的好不仅是指成绩好，也指他们不会惹是生非，能与同学和睦相处，也不会欺负谁，所以才称为"好"同学。这也是"好"同学让家长省心，让老师喜欢的原因，因为不会给家长和老师找任何的麻烦。

这样的"好"同学就像天使一样善良，因为怕惹麻烦，所以即使遇到什么事情也会抱着"大事化小，小事化了"的心态一味地忍让。当带着这种思维惯性面对竞争对手的时候，一味地忍让只会让对方觉得你很容易就妥协，而他们也会得寸进尺地要求，到后来的结果就是"好"同学吃亏。

王君大学学的是市场营销，因为理论知识学得很扎实，又一直对推销大王桥吉拉德崇拜不已，于是毕业之后就去了一家汽车销售公司，从汽车销售员做起。

这天，一个之前看过车的顾客又来了，王君赶紧上去接待："今天有时间又来看车了？"

顾客："是呀，来看看，如果可以的话，今天就买走了。"

王君又把车的性能都讲了一遍，顾客边听边点头，王君见顾客一副满意的样子，就对顾客说："现在买着非常划算，原价是139000，现在可以按照活动优惠2000元。"

顾客："什么？十几万的车才优惠2000元？我是拿你当朋友才又来找你的，你给的优惠也太少了吧。"

王君见顾客非常不满意，怕顾客再甩手走人，于是赶紧给顾客说："其实，现在的汽车利润非常少，一辆车也挣不了多少钱，何况您现在是赶上活动才能优惠的。"

顾客见王君非常着急的表情就觉得有戏，于是对王君说："你要是再给我便宜点，我今天就提车。"

王君说："那您想多少钱买走呢？"

顾客说："那就凑个整数吧，130000。"

王君听了之后很无奈地说："这样的价格我们连进货都进不来，您也要为我们考虑一下。"

没想到顾客转身就走，王君开始慌了，就对顾客说："要不您再添点儿，我再降点儿，我们取一个中间价，135000怎么样？"

顾客心中暗喜，知道自己已经占了上风，就对王君说："我是不会再加价了，你要是不卖，我就走了。"

王君害怕顾客真走了，如果这样，就少卖一辆车了，于是就答应了顾客说："130000 就 130000 吧。"

此时，经理正好从旁边经过，但是王君的成交价已经说出口了，也不好再说什么，等顾客走了之后，王君不仅受到了经理的批评，而且连这辆车的提成也没有，王君真是白忙活了半天。

王君站在销售者的立场却被顾客牵着鼻子走，正是因为王君一直担心顾客会生气走人，所以才一再忍让，而顾客也明显看到了王君的"好欺负"，所以就占了上风。那再来看看王君的"遭遇"：因为以低价卖给顾客汽车，不仅挨了上司的批评，也白忙了白天，真是吃力不讨好，可是这有什么办法呢？只能说王君太好了，好到让顾客享受到了低价格，而自己一无所获。以王君这样的心态以及与对手打交道的方式，别说被提升了，连自己的本职工作都很难做好。

很多"好"同学也会像王君一样，不站在自己的立场上考虑，而是将利益让给对方，如果是在平常的人际关系中，王君的处理方法也许会为他迎来好的人际关系，可是这毕竟是竞争激烈的商场。像王君这样的心态和处理方式，无论是在职场上，还是自己创办公司，都很难生存下去。

张颖毕业于名牌大学，毕业之后被一家外企公司的销售部聘用。进入公司一段时间之后，销售团队就要与一家公司谈判合作的事情了。

公司为了考验张颖的工作能力，这次特地让张颖带队与客户展开谈判。谈判开始了，双方在交货时间上出现了分歧。

客户："能不能延长交货的日期，这样我们才能保证产品的质量。"

张颖："可是我们要求的交货日期是常规的时间，并没有特别严格。"

客户："我们公司现在正处于发展的关键时期，有很多事情需要处理，希望贵公司能再宽限一下交货的时间。"

张颖："如果我们宽限你们时间了，我们公司有可能面临缺货的窘

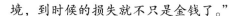

境，到时候的损失就不只是金钱了。"

客户："我们公司正处于发展上升时期，如果这次你给我们宽限了，将来等公司规模扩大之后，我们还会继续合作，到时候交货的时间就大大地缩短了，就这一次。"

张颖："这样我真的没有办法对公司交代。"

客户："如果贵公司不能宽限时间，那就太为难我们了，真不知道以后还有没有合作的机会了。"

张颖听了之后怕万一真的失去顾客就不好办了，于是就说："既然这样，那就宽限一段时间，但是不能太多。"

客户见张颖松口了，觉得自己心中的宽限时间肯定也能得到张颖的同意，于是就又提出了自己要求的时间，张颖觉得既然已经宽松了，也不差这几天，于是就答应了。

张颖虽然顺利地签了合同，但是销售经理对张颖说："谈判是需要技巧的，顾客的说法有可能只是一种推托之辞，如果到时缺货了怎么办，你越是让着顾客，顾客就越会得寸进尺，幸好这次是交货时间，如果是价格方面的异议，你这样向顾客妥协，我们岂不是赔大了。"

显然，公司对张颖这次的表现不满意。

不管是不是客户使用了谈判技巧，首先，张颖的心态就是有问题的，第一：害怕失去顾客，不想让顾客感觉自己是不近人情的公司代表；第二：在第一次答应了客户之后，也接连答应客户的第二次要求。这就是一味忍让的结果。

张颖忍让的心态容易导致客户占上风，而与竞争对手打交道，如果想赢对方，就要让对方在自己的掌控之中，而不是被对方引导，如果是后者势必会失败。

竞争对手也是"狡猾"的，如果看到你非常"好说话"，就会提出更多的要求来，他们是不会考虑你的利益的，所以在与竞争对手"过招"的时候，不能让对方看到自己的软弱，而是要拿出"志在必得"的姿态，这样才有可能占领上风。

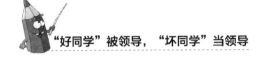

无论是在公司上班，还是自己经营公司，都不可避免地要与很多的客户合作，所以"好"同学一味忍让的心态是很吃亏的。

▨ PK 结果分析

- "好"同学顺从的性格容易养成忍让的品性；"坏"同学不吃亏的习惯让他们总能想办法赢了对方。

- "好"同学习惯与他人和睦相处，此时，如果对方的要求过多，为了保持良好和平的局面，"好"同学只能答应对方的要求；而"坏"同学经常与各种麻烦为伴，所以根本无惧是非，这也让他们能够大胆地放手做，于是就能以常人做不到的方式"拿下"客户，成功的几率也就更大。

从上边就能看出来，"坏"同学能够为自己赢得更大的利益，也善于处理各种利益关系，他们的这种特点似乎更适合做"领导"。

Part 3 首当其冲"爱"自己，我的地盘我做主

▨ 魔鬼该争取时绝不退让

魔鬼是残忍和凶狠的形象，具有这样形象的魔鬼当然是自私的，别说是拿走属于自己的东西，即使是不属于自己的东西也会抢走，身为魔鬼当然是不会吃亏的。

"坏"同学当然是不懂得谦让的人，他们的做法是：能争取到手的一定要争取到。他们不会掩饰自己对某些东西的喜欢，喜欢就拿是他们的作风，从这一方面来看，"坏"同学好像是不懂谦让而又自私的人，没有办法，他们不在乎，谁让他们就是别人眼中的"坏"同学呢，他们丝毫不会掩饰真正的自我。

"坏"同学学习不好，但是在体育场上却经常能看到他们的身影，也许是

因为不安分的因子无处发泄，也许是精力过剩，既然在学习上找不到成就感，他们更喜欢用运动的方式来展现自己。而运动其实无形包含了很多的竞争，比如说足球和篮球，在这样的时刻，他们会用最后一丝力气来争取自己的荣誉，所以，从这一方面来讲，"坏"同学养成"不退让"的特性也是有一定的原因的。

"坏"同学的这一特性如同魔鬼对自己想要的东西一定不会退让一样。现代社会，机会都是自己争取来的，既然是机会，那肯定会有很多人都想要争取，这个时候，"坏"同学是绝对不会退让的，因为他们觉得敢于争取自己想要的也没有什么错。

　　王翰初中毕业之后去了一家汽车修理厂当学徒，可是，三年之后，当他的同学才高中毕业的时候，他已经是这家汽车修理厂的老板了，这让当时在学校经常一起玩的同学惊讶不已。

　　同学："哥们，你走的是什么运呀，小小年纪就成大老板了。"

　　王翰："这还真是件走运的事情，怪不得大家都说上帝在关上一扇门的时候，已经为你打开了一扇窗，哈哈，我在上学上没有出路，不过，现在这条路也不错。"

　　同学："你不是去当学徒去了吗，这学徒也能当上老板呀。"

　　王翰："我刚开始去的时候，什么也不会，我能做的只有学徒了，这个汽车修理店的生意非常好，我也能很快地学习各种修理技术。"

　　同学："是不是老板非常看好你呀。"

　　王翰："我当了半年的学徒之后，我就慢慢地开始给顾客修车了，比如在师傅忙不过来的时候，我就趁此机会顶上，于是我的技术也越来越好。"

　　同学："你什么时候脱离徒弟生涯的?"

　　王翰："一年之后，当我觉得我已经学得差不多的时候，就主动向老板说我不用当学徒了，我要老板给我加薪，而且我也可以带徒弟。后来，老板突然要全家迁到美国去，于是就要转让这家修理店。"

　　同学："那修理店那么多人，老板为什么要转让给你呢? 是你出的钱

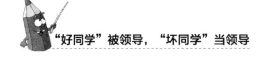

最多吗?"

王翰:"那个时候，我已经在修理店工作了两年半了，汽车上遇到的所有问题我基本都能解决了，所以我就告诉老板，既然店要转让，就应该转让给一个能保证生意的人手里，我告诉他我一定会把汽车修理店经营好的。再加上平时老板对我的修车技术也非常认可，所以就同意了。"

同学:"那你的其他同事呢? 就没有想要接手的吗?"

王翰:"当然有，有好几个资历比我老很多的修车师傅都想接手，但是既然大家都想争取，那为什么我不能呢，而且我相信我能比他们经营得更好。"

同学:"对，就应该这样，这才是当老板的气势!"

王翰虽然没有在学习上取得成就，但是进入社会以后，却很会抓住机遇，而且在机会面前丝毫不犹豫，终于赢得了属于自己的事业。在抓机遇的过程中，王翰只要觉得自己的要求合理就会提出来，比如告诉老板自己已经不用再当学徒了，比如告诉老板要为自己加薪等等。俗话说"人不为己，天诛地灭"，自私是人的本性，但自私并不意味着就是伤害别人，而是为自己争取适当的机会和利益，所以这并没有什么不好的。

如果是在公司打工，一个敢于为自己争取的人也会得到更好的发展，不管是争取工作的机会还是争取个人利益，都能使自己发展得更快;如果是自己创业，会面临数不胜数的竞争对手，此时，只有能为自己争取的人才能让公司立于不败之地。

丁晓离开学校之后，也要开始找工作了，大公司显然进不去，无奈之下，丁晓就去了一家花店。

这家花店的规模还算可以，在全市也能数得上，所以，丁晓想:"虽然不是大公司，但是这家花店看起来也不错，就安心地在这里上班。"

丁晓开始上班了，她开始学习各种花的名称以及所代表的含义，她发现她渐渐地爱上了这份工作，每天都能看到美丽的鲜花，这多好呀。

到花店上班两个月之后，花店的老板决定对店内的一名员工进行更

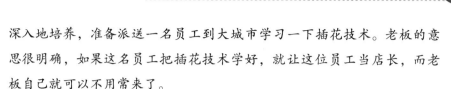

深入地培养，准备派送一名员工到大城市学习一下插花技术。老板的意思很明确，如果这名员工把插花技术学好，就让这位员工当店长，而老板自己就可以不用常来了。

丁晓知道这个消息之后，内心激动不已，自己现在就是缺乏插花的本领，所以她很想得到这个难得的机会。

于是，丁晓就开始主动找老板表明自己的想法，她向老板说："我现在唯一不足的就是插花的技术，我很喜欢这份工作，我希望这次老板能让我去学习，学好之后我就可以独立接待客人了。"

老板对丁晓的工作热情和工作决心感到高兴，老板也很喜欢丁晓的这份自信，于是就决定让丁晓去学习。

算上丁晓，店内总共有三名员工，另外两名员工来店内上班的时间也比丁晓要长，所以这两名员工以为老板一定会在她们两个中间选择一个。其中一名员工还对另一名员工说："我觉得还是你去吧，你来的时间最长了，店长肯定非你莫属了。"

这两名员工等待的结果就是丁晓去学习，这让她们没有想到，她们甚至觉得："丁晓怎么有资格去呢？怎么都不考虑一下我们的感受，会不会太自私了。"

学成之后的丁晓，已经能完全独立应付所有的事情，加之被老板赏识，丁晓当上了店长。

丁晓没有顾及另外两位同事的感受，却自作主张地推荐自己，从这一方面来说，丁晓似乎是自私的。但从丁晓个人来说，丁晓喜欢这份工作，也很想在工作上有新的进步，再加上当店长也更能锻炼人，更能发挥自己的才干，当然，工资也会涨，有这么多的好处，丁晓也希望这样的好事能发生在自己身上，所以丁晓积极争取的做法并没有什么不妥。

另外，丁晓敢于争取机会的做法，也是自信的表现，相比之下，老板当然喜欢这种自信又能干的员工，老板也更希望把花店交给这样一个人去管理，所以这也是老板同意让丁晓去学习的一个原因。

丁晓虽然没有条件进入到大公司上班，但是却有能力很快地在这样一个

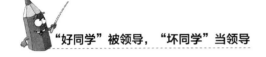

花店当上店长，谁说丁晓以后不会有更好的发展呢。

■ 天使把机会"给那些更需要的人"

天使总是温暖他人，尤其是那些需要帮助的人，这就是大家对天使的定义和印象。

"好"同学从小听话乖巧，从妈妈说把玩具给小朋友玩才是好孩子的时候开始，"好"同学就知道把东西给那些更需要的人才是好孩子，或者才是"好"同学。所以"好"同学在大家面前永远是"老好人"的形象。

你从来看不到"好"同学为了一件东西与对方争得面红耳赤，你也从来看不到"好"同学为了得到某一件东西而完全不顾他人的感受，虽然"好"同学也知道"人不为己，天诛地灭"，但是"好"同学好像很能委屈自己而成全别人，不然也不会是"好"同学了。

另外，"好"同学一般表现得很"矜持"，从不张扬自己的需要，也许在"好"同学看来那样太不含蓄了。由于从小的环境让"好"同学养成了这样的特性，所以进入社会以后，即使是遇见自己也很需要或者很想要的机会，此时如果有人表现得更需要，"好"同学就会习惯性地让给别人。

这样做好吗？也许有人会说，"好"同学的做法很宽容，很无私，当然好了，而且人人都应该向"好"同学学习，这样说似乎也没有错。可是如果"好"同学把学习的机会让给了别人，把升职的机会让给了别人，把自己也需要的店面让给了别人，那"好"同学会有什么结果呢，当然就会委屈自己，而且非常不利于自己的发展。

"好"同学的这一特性让"好"同学很难成为老板，成为领导，或者说也不适合做老板。

刘菲学的是服装设计，毕业之后开了一家服装店。这天，朋友来她的店里参观，看了一圈之后，对刘菲说："你这里装修也好，衣服搭配也很有品味，什么都好，就有一点不好，你知道是什么吗？"

刘菲回答说："咳，别提了，我当然知道，就是这个地理位置不好。"

朋友："你既然知道怎么还把店开在这里呀？"

刘菲："我这也是没有办法。"

朋友："这有什么无奈的，地方是你自己选的，难道还有人逼你不成。"

刘菲："当初我也看到一个店要转让，那个店的地理位置非常好，人流量大，逛的人也多，可是当时还有一个人也看上了那个店。"

朋友："然后呢？你就让给了别人？"

刘菲："对方告诉我，那个店离她家非常近，也能很方便地接送孩子上下学，希望我能把这个店让给她。"

朋友："于是你就把店让给她了？"

刘菲："她都那样说了，我还能怎么办呀，难不成我必须把店抢过来，那样显得我太势利了。"

朋友："你还真是天使呀，现在把店开在这个地方，生意肯定不如在那里好，搞不好还会倒闭呢？"

刘菲："你别乌鸦嘴了，你说的我都知道，那我只能靠我的衣服来打动顾客了，希望多赚取点回头客，不然真要喝西北风了。"

朋友："现在知道了，真拿你没办法。"

刘菲的确是天使，方便了别人，委屈了自己。如果在上学的时候把东西让给别人，还只是失去了一件自己喜欢的东西，那到现在，刘菲失去的就是大量的顾客，也就是失去了大量的利润来源。

很多进入职场的"好"同学也像刘菲一样，有些机会自己明明也需要，但是却因为某些原因就让给了别人。有必要分析一下"好"同学为什么这么做，原因会有很多，其中一个原因仍然是"好"同学认为自己的条件比较好，可供选择的机会多，所以既然这次别人那么需要，就让给别人好了；还有一个原因是"好"同学不愿与别人因为争夺某一个机会而闹得不愉快，既然对方已经表明他也很想要这个机会，或者是更需要这个机会，如果"好"同学不给予对方的话，多多少少都会影响双方的关系，所以"好"同学就干脆让给别人。总之，"好"同学是不会为了一个别人也需要的机会而极力争取的。

周维毕业之后去了南方，然后很顺利地进入了一家贸易公司，进入公司差不多有一年的时间，周维就搞定了好几个大客户，周维的工作能力是大家有目共睹的。

公司早已经决定在北方建立分公司，而在周维没有进入公司之前，大家都以为蓝冰是分公司经理的不二人选。

蓝冰的男朋友就在分公司所在的那个城市，如果自己能调到北方，不仅升职，还能与男朋友团聚，所以她努力地工作就是为了能得到认可。

不巧的是，现在周维对蓝冰构成了威胁，这也是在此之前蓝冰没有想到的，因为以周维的能力，很有可能成为分公司的经理。

周维在公司多少也知道了蓝冰的情况，周维的家是北方的，当她刚开始知道公司在北方建立分公司之后，就很期待自己能到北方去，一来被任命为经理能发挥自己更大的才能，二来当然就是离自己的家近。

周维本打算向老板申请任职分公司的经理，但是在知道了蓝冰的情况之后，周维就放弃了这个想法。蓝冰虽然知道周维的能力与自己不相上下，但是她还是决定去老板那里请求一下，说不定会有可能如愿。

就在老板也正在考虑是派谁去分公司的时候，蓝冰来推荐了自己，而周维好像并没有什么动静，所以老板最后决定让蓝冰去。

蓝冰终于如愿以偿了，而周维还在原来的岗位上继续着每天的工作。

去分公司当经理显然是一个难得的升职机会，也是个人职业生涯很重要的职位，周维没有争取的理由很无私。如此无私，当然没有理由去责怪。那下次呢？如果还遇到类似的情况呢？

不得不说，有时候"好"同学的不争取已经形成一种习惯，其中有出于人情的原因，也可能是因为高傲而不屑于为了一个职位争来争去。

"好"同学已经习惯了不争取，只能等待别人主动给他才行，可是这样的事情真是少之又少，所以如果是在职场中，"好"同学真的很难被提升，如果是自己经营公司，这种态度也不利于公司的发展。

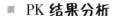

PK 结果分析

- "好"同学学历高，能力高，在他们看来，少了这一个机会也没有什么影响；"坏"同学面前没有条条大路，于是就会死死抓住难得的机会。

- "好"同学认为与别人互相争夺一个机会实在不是大家风范，所以能不争就不争；"坏"同学认为有机会摆在面前，我为什么不争取一下呢。

- "好"同学也很想要一个机会的时候，有时又出于矜持或者是自尊心的原因，并不会大肆地宣扬很想要得到；而"坏"同学从不掩饰自己对某样东西的喜欢，也不会掩饰对某一个机会的势在必得，有什么说什么是他们的作风。

　　不管是做小职员还是领导一个公司，机会都很重要，把握住机会就是保证了明天，善于争取的"坏"同学能得到自己想要的，这何尝不是一种能力。

Part 4　气场的正能量，你可以有

魔鬼让人畏惧

　　魔鬼以凶狠著称，所以人见人怕。那"坏"同学呢？"坏"同学当然不是好欺负的，软弱从来就不属于他们，最好能让他们发号施令，所有的人都听他们的，他们心里才觉得舒服。

　　想必每一个"坏"同学在成长期都经历过叛逆的时候，父母要让自己向西，那好吧，我就向东。因为不想听从他人的安排所以要叫板，他们也不去想叫板会有什么后果，所以才是大家眼中的"坏"同学。对"坏"同学来说，服从让他们很难受，而让他人服从自己才能令他们满足。并且在服从的过程中，他们当然不喜欢别人不按自己的意愿进行，如果这样，不就是意味着别人不把他放在眼里吗，这当然是"坏"同学不能容忍的。所以，"坏"

同学发出的指令就一定要严格地执行，这样才能充分体现自己的领导力和成就感。

一个领导会时常给下属下达任务，每个人都有这样的经验，如果领导不严格，没有一点威慑力，员工在执行的过程中就会懒散许多，因为人都是有惰性的；如果领导非常有威慑力，下属不仅不敢怠慢工作，甚至不敢讨价还价。因为威慑力让员工害怕，员工出于害怕也会严格地去执行工作任务。

本田宗一郎是本田摩托车和汽车的创始人，本田宗一郎虽然只有小学文化，但是却创造了很多的奇迹，直到现在，本田汽车仍然驰骋在世界的各个角落，很少有人不知道本田这个响当当的品牌。

本田宗一郎在小的时候是一个很淘气的孩子，几乎全村的人都知道这个调皮捣蛋的孩子，长大后，拥有了自己的公司，本田宗一郎在管理员工方面规定工作的时候要特别认真。

如果谁怠慢了工作，在工作上不认真，本田宗一郎丝毫不留面子，不管是谁，一样批评，正因为这样的作风，也让本田宗一郎在本田公司非常有威慑力，本田员工对工作的执行力也格外严格。

一次，本田宗一郎要参加一个经营研习会，参与的人可以通过研习会学习本田宗一郎的经验，由于这次研习会在温泉旅馆进行，所以参加的人到达旅馆之后就先泡了一下温泉，然后边吃边喝等待着本田先生的到来。

当本田穿着皱巴巴的工作服来的时候，竟然发现这些参会人员到这里吃喝玩乐，于是开口便骂："请问大家来这里是做什么的？我想应该是来学习经营的吧？如果你们这么有空的话，还不如早点回公司上班，经营哪里是泡泡温泉、吃吃喝喝就可以学会的？"

这些人都低下了头。

本田宗一郎继续说："你们以为在榻榻米上就能学会游泳吗？妄想！即使在榻榻米上学会了游泳，到了水里还是一样不会游，还不如直接跳到水里，手脚乱划会更有用！"

本田宗一郎把这些人说得哑口无言。

从这个事例中，就能看到一个有威慑力的领导在该发威的时候是一定要发威的，何况本田宗一郎说的一点也没有错。而领导的威慑力就是在这样的过程中形成的，也只有这样，本田宗一郎在下达其他工作命令的时候，员工才能以最认真的态度来对待。

威慑力之所以非常重要是因为人都是有惰性的，这是人的天性，就像很多人在上学的时候都有这样的经历，如果一个老师不严格，那对老师布置的作业就会放松很多，因为他们的理由是："即使做不好也没关系，这个老师不严格的。"而如果老师非常严格就是另一种情形了，这从某一个角度说，就与严师出高徒是一样的道理。

黄源毕业于三流大学，毕业之后在父亲的支持下开了一家网络科技公司，经营一家网站。父亲以为黄源又是在闹着玩，可是没想到，黄源把这个公司还经营得有声有色，都让自己刮目相看了。

这天，全体公司开会对上个月的工作做总结，黄源说："这个月公司的收益还是很好的，只是有一些不必要的支出必须指出来。比如有一些部门的员工利用公司办公电话打私人电话，已经让这个月的电话费上涨到五千元以上，虽然五千元不是大数目，但是作为一个公司来说，任何不必要的支出都是在增加公司的运营成本，直接关系到公司的利润额，如果再发现这种情况，没有警告的机会，工资直接扣掉三分之一。"

从这之后，公司的电话费用直接降到了千元以下。

一次公司要推行新项目了，黄源对员工说："这个新项目一定要在月底之前做好，千万不能影响下个月的公司业务"。

听到这些，有些员工开始抱怨了："黄总，时间这么紧，我们很难完成啊！"

黄源："我不想再重复第二遍。"

员工们也不敢再说什么了，为了完成这个新的项目，很多员工都熬夜加班来赶工作。

新项目终于在月底之前做好了，黄源非常清楚大家的付出，于是在一切都完成之后，请员工吃了一顿大餐，并对员工们说："这个月你们都辛苦了，每个人这个月都会有奖金，今天大家就好好地放松一下吧！"

从这个案例中，就能看到黄源为什么会把企业做得有声有色了，因为说一不二的风格才会让员工严格执行，因为说到做到的风格才让员工不敢犯错误。

如果领导总是没有原则性地乱发脾气，那员工肯定也不会留在这样的公司，显然，黄源并不是这样的领导。领导的威慑力并不是没有道理地让员工惧怕领导，而是领导为了克服员工懒惰和不自觉的天性而必须树立的形象，也是建立在正确原则之上的严格命令。

天使让人随性

"好"同学有着天使般的心灵，他们在学校的时候关爱他人，肯拿出自己的东西与他人分享，同时又热爱劳动肯付出。最具代表性的就是班长，班长有着团结班集体的责任，让大家爱护公物，相互谦让，懂得助人为乐。

"好"同学性格温和，他们因为要起"表率"作用很少和别人吵架，更不用说和别人打架。好同学的身份让他们不仅要学习好，还要在与同学相处中，忍让、大度，有好脾气。

在职场中，做了领导的"好"同学，往往会陷入无奈。因为在学校并没有利益之争，同学们都是在为自己学习，学习的好坏全靠自己。

而在公司，职员必须同心协力，为公司的利益着想，而公司的利益和员工的利益有冲突的时候，"好"同学不改以往温和的语气，他的随和、商量的口气并不能给员工以震慑力，这只会让职员懒慢、松散，无视公司的规章制度。

"好"同学像天使一样，但这也正是他们的软肋，毕竟，天使并不是生活在人间的。

张华子承父业，毕业后做起了销售。他学的是市场营销，在班级里

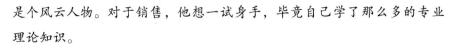

是个风云人物。对于销售，他想一试身手，毕竟自己学了那么多的专业理论知识。

由于在班级里就是班长，带领着班里四十来号人，看到公司里的20多号人，他很自信能当好这个经理。

他比较随和，不过一星期的时间，已经和公司的员工打成一片。大家认为这个新经理很特别，都非常乐意与他共事。

有一次，公司里的文员小徐跑过来找他，说是有人找，让他去一趟办公室。张华问："是哪个客户，说了什么事情没有？"

小徐气喘吁吁地笑着说："不好意思，我忘了问了，那边打电话说找你有事，我就立马跑过来了。"

张华说："这不是你第一次了啊，我现在的工作很多，有些事你帮我问一下，让我做事也有个轻重缓急之分。"

小徐知道这都是自己考虑得不周全，打扰到了经理，但见经理如此委婉、商量的口气，就没有特别放在心上。

周六，张华作为经理总要开一个工作总结会议，在这个会议上，他会对业绩的前三名给予表扬，对于业绩的后三名，他则给予鼓励。所以，在会议上，大家并不感到心惊胆战，觉得还比较轻松。

但随后张华就发现，自己的表扬鼓励法好像没有起到多大的作用。公司里整体业务员的业绩没有提升不说，竟然连续三个星期，有的人一直是销售业绩倒数第一。张华觉得有必要给他提一个醒，就对小周说："这几个星期的业绩你的排名不高啊，说说是怎么回事，大家一起想办法解决。"

小周挠了挠头说："可能是自己对自己要求低了，一再宽恕自己的低业绩。"

张华继续说："这可不行啊，我们是一个团队，大家可以相互学习嘛！会后你去请教一下业绩前三名的那三位，让他们给你传授一下经验。"

小周说："好吧，我一定会加把劲的。"

一个月后，张华发现自己每天忙得焦头烂额，文员小徐不能随机应变，虽然说过有些事她自己可以拿主意，可是她没有主见，每次都要来问一次。小周的业绩一直都很低，像中了魔似的稳拿倒数第一，公司其他员工的业绩也都平平，大家越来越缺少工作的激情了。

张华现在头疼不已，他不知道公司到底该如何经营下去。

张华处境的一团糟主要是因为他奖罚制度不分明。他对员工态度的随和，没有给员工动力不说，还让员工变得越来越有恃无恐。对于犯错误的员工，他没有给予严厉的批评，这让员工放松了警惕，会把犯错误当成是平常事。

"好"同学态度随和，为人迁就让他们失去了自己的锋芒。在职场中，有了威严才有压力。职员有了压力，才会不断地提高自我的能力。

做了领导的"好"同学过于仁慈，过于宽容，以至于自己的工作变得无序。"好"同学应该铭记：对别人仁慈，就是对自己的一种残忍。

在这个竞争化的社会，每个人都在为自己的前途奔波。这是个"胜者为王，败者为寇"的时代，"好"同学表现得随和已经演变成一种软弱。有了这样的软弱就难以施展自己的领导力、控制力，又怎么会让员工为自己高效地做事呢？

好同学的好脾气，对员工来说却会成为纵容自己惰性的挡箭牌，听听下面这两个员工的对话，你就会对好同学的天使性格所造成的"恶果"有一些触动了。

小轩和晓彤是公司里的两个小职员，今天小轩神色匆匆地来到办公室，她满脸焦急。见到在饮水机旁慢悠悠接水的晓彤，小轩迫不及待地问："你的报表做完了没，我昨天收集数据时，花了大量的时间，现在还没有弄好。"

晓彤说："不要着急，咱们领班毕业于名牌大学，人特有涵养，不会骂你，也不会催着你要，就是来问你要，你就说昨天忙了一整天还没有整理完不就得了。"

小轩瞪大了眼睛，不敢相信地看着若无其事的晓彤，说："不是你的事你当然不着急，你的报表做完了吧？"

　　晓彤说："没有啊，这又不是什么国家大事，不就是一个小小的报表，你用得着这么着急吗？看你那一张苦瓜脸。"

　　小轩说："这样老是完不成领班交代下来的任务，会不会被开除啊？我好不容易才找到这份工作，可不想被辞退了。"

　　晓彤说："不会的，你看咱领班说话软绵绵的，没有力度，哪次交代的任务不是往后拖个一两天？你是新手，慢慢就会习惯的。"

　　小轩听晓彤这么一说，情绪稍微稳定了下来，她暗暗告诫自己以后工作不用那么有压力和紧迫感了。

　　故事中员工的自由、松散，从一方面说明了好同学领班的办事不力。"好"同学往往在做事中失去了自己的威慑力，就会让员工有所懈怠，以至于完不成自己的任务，而这样，整个公司或者企业如何长期运营下去呢？

　　"好"同学的和颜悦色，做事随性，让他们丢掉了作为一个领导应有的风范。在他们的身后，没有干练的配合者，有的只是不听话的"懒虫"。

　　无规矩不成方圆，要想做大事，成为领军人物，"好"同学就要注重自己的威慑力，并要着重锻炼自己这方面的能力。

■ PK 结果分析

- "好"同学平易近人，为人随和，如果"好"同学成为领导，员工没有很大的压力，自然也就不会严格执行领导的任务；"坏"同学不仅喜欢发号命令，也要求他人必须对命令严格执行，就对员工形成了威慑力，员工自然自觉地执行。

- "好"同学说话方式比较客气，这很难树立领导的威严形象；"坏"同学说话直接，遇到错误就严格批评，威慑力也在这个过程中自然地形成了。

　　威慑力是一个领导的行为作风特征，只有有威慑力的领导才能让员工提高工作效率，提高工作质量，才能让公司形成良性循环的发展，所以"坏"同学能当好领导。

Part 5　"冲动是魔鬼"的不同诠释

■ 魔鬼：冲动是魔鬼——我是魔鬼，所以我冲动

"坏"同学永远都是不安分的家伙，面对不公平的待遇，他们会据理力争。小的时候，在学校里，他们爱和别人吵架，争一个谁是谁非；他们也爱和别人打架，在实力上和他人一决高下。

步入社会，走入职场，他们依旧不安分。如果他们对上司的安排或者做法不满，他们就会怒气冲冲地去和上司理论。他们有着魔鬼一样的霸气，他们不会让自己受委屈。

都说冲动是魔鬼，可是如果不让自己"冲动"一把，自己又如何知道自己到底有多大的能力，自己如何才能突破自我，从而有很高的成就呢？

毛毛虫有了突破蛹的冲动，最终才变成了蝴蝶，人有了冲动，才会为自己松绑，推开自己的束缚和羁绊，让自己有一个更好的发展。

"坏"同学的冲动就像是一种魔力，有了这种魔力，他们最终会化腐朽为神奇。

杨珍所上的学校是一个普通的专科，因为所学专业自己不感兴趣，她就中途选择了辍学，学起了美容化妆。

对于美容化妆，她觉得前途"不可限量"。都说"士为知己者死，女为悦己者容"，在现在这个到处充满着竞争的社会，如何打扮好自己，让自己看起来年轻、充满活力已经成为每个人都关注的问题，尤其是职场中人。

她用自己本打算在校读书的学费做资金学习美容化妆。

杨珍投入其中，对于自己感兴趣的事，她学得很快。在几位美容师和领班的带领下，她掌握了很多美容的方式方法，自己做美容的技巧也越来越熟练。

在美容所待了一年后，她感觉自己的技术水平已经可以与美容师们抗衡了，可老板给她发的只是学徒的工资。她很心急，自己在这上面投入了一定的资金，又学习了这么长的时间，她决定向老板提出涨工资的要求。

但是，老板说杨珍是一个新人，还有很多不懂的地方，要多积累经验，让她安心工作下去，总有一天会给她涨工资的。

杨珍不想再耗下去，感觉在这种老板手下干活是没有什么发展前途的。

第二天，她向老板递交了辞职信，老板让她再重新考虑，同事们都劝她不要那么冲动，但她去意已决。半个月后，她成功地找到一份美容指导顾问的工作，她的一时"冲动"让她放弃了之前的 900 元的学徒工资，而是找到了一份底薪 2000 元的美导工作。

杨珍的选择源于一时的冲动，她只是不想耗下去了。面对老板的不公平待遇，她不想在那里苦等老板"大发慈悲"的那一天，她要快速拿高薪。

"坏"同学不喜欢漫长地等待，在他们的眼中，等待无疑是一种煎熬。当他们对局势作出自己的分析、判断后，他们就会朝着更有利的方向迈步。

他们虽然学习成绩不好，但对于自己喜欢、感兴趣的事，他们的学习能力较强，上手也很快。对于杨珍，自己待了一年的美容所，她毅然放弃，但最后她找到了薪资翻倍的工作，这不得不归功于自己当时的"冲动"。

"坏"同学有时候不会"深思熟虑"，也不会"高瞻远瞩"，对于自己当前看不到希望的事，他们会选择放弃。在他们的逻辑里没有"明天"，只有"今天"。他们是活在当下的一群人，他们更注重此时此刻自己的舒适度和满意度。

他们有着"初生牛犊不怕虎"的冲动。

"坏"同学不是"猝然临之而不惊，无故加之而不怒"的智者，他们秉性率真，说话做事跟随自己的心意，他们往往不怎么考虑这样做的后果。

这样的冲动其实有一种催化作用。"坏"同学的冲动让他们"一飞冲天"，从而找到了自己的坐标，为自己赢得不平凡的事业。

■ 天使：冲动是魔鬼——冲动不可取，千万要理智

"好"同学就是与世无争的天使，在"好"同学的眼中，一切都是美好的、欣欣向荣的。他们学习诗书礼仪，让自己成为一个有涵养、有道德、有思想的高尚的人。

遇到不公平的事，受到屈辱时，他们鲜有动怒。他们在暗示自己要保持智者的洒脱与豁达。他们有着天使般的包容心，在他们的骨子里，有一种理念叫"小不忍则乱大谋"。

"好"同学善于控制自己的情绪，他们很不看好"坏"同学的冲动或者意气用事。所以，聪明的"好"同学告诫自己，遇事冷静，万万冲动不得。

"好"同学把冲动贬得太低，但如果他们的工作中没有冲劲，不敢做出改变，又怎么获得长足的发展呢？

张凯是一个刚走出校门的大学生，他手握名牌大学的毕业证还有其他一大堆资格证书。他学的是广告专业，想要在广告行业有自己的发展。

对于未来，他有很多的畅想。来到省会郑州，他就职于一家广告公司做文案策划的工作，他被分到了创意部。

因为这是他的第一份工作，他特别地用心，对每天的工作内容都充满了期待。公司里人来人往，很快大家都彼此认识了。办公桌位和他挨着的是已经工作两年的同龄人，名叫吴冰。吴冰学历不高，但为人爽快，不久他俩成为了好朋友。

几个星期下来，张凯发现公司里接的广告业务都是关于种子、农药、化肥之类，这让他很苦恼。本想着在广告业大展宏图，没想到却是这样的结果，他有点无所适从。

有一次，吴冰对他说："兄弟，咱们跳槽走人吧，不要在这里了，写的关于农业的广告我都想吐了。"张凯说："做事情不能浅尝辄止，也许这只是刚开始，总有峰回路转的时候。"听他这么说，吴冰心里并不认同。

张凯开始想，这样的情况到底是哪里出了错呢。这次，他把责任归结于自己没有全面地看待问题，没有换位思考。

在和经理的共同交流中，他明白这些农业广告是市场的需要，河南省作为农业大省，要做这样的广告主有很多。了解到这一点后，他在工作中表现得更积极，主动与广告主交流，尽力满足广告主的需求。而吴冰却选择了辞职，离开了公司。

吴冰临行前给张凯打电话说自己要去上海发展，因为那里的广告业发展得比较好。张凯为好朋友的离开感到惋惜，他责备朋友一时冲动，不该说走就走。

但六个月后，张凯完全没有了工作的激情，他在公司里还是要写很多的农业广告文案。这次，他找不到更好的办法来说服自己更努力地做下去。

后来，吴冰给他发电子邮件说，上海那边的广告市场发展很好，他现在在做房地产广告，薪酬已经是现在的十倍，问张凯要不要去上海那边发展。

张凯收到邮件后，回复的是：我要再考虑考虑，不能一时冲动说去就去，再说，我已经在郑州生活习惯了，我不会轻易离开的。

张凯放过了一次次可以离开的机会，他一直在自我暗示留下来。在工作中出现了意想不到的情况时，他总是先分析自己的问题，让自己沉静下来。以至于当他无法实现自己的愿望，安抚不了自己的内心的时候，他发现自己因为待了太久的时间，已经被"套牢"了。

"好"同学就是这样优柔寡断，他们处变不惊，以自己的不变应万变，但事情并不会总是按着预想的轨道发展。他们的一成不变以及不肯果断地作出取舍，使得他们丧失了很多的机遇。事例中的张凯即使在收到好友的电子邮件时，也不愿冲动一下去展开行动。

岂能这样一直"冷"下去，"好"同学不妨头脑发热一次，跳出禁锢思维的怪圈，冲动有时候并不是错，错的是"好"同学把当机立断的选择看做是一时冲动，他们始终无法超脱自我。

■ PK 结果分析

- "坏"同学的冲动有时候是一种勇气和胆略。"好"同学的冷静有时候也暴露了自己懦弱、优柔寡断的一面。

- "坏"同学总是随机应变，他们活在当下，即使做事冒失、冲动。"好"同学保持一成不变，他们寄希望于未来，忍受当下的不公和劳累。

  "坏"同学的冲动有时逼迫自己敲开了成功的大门。"好"同学的沉静有时无意让使自己总坚守在成功的门外。

  所以，"坏"同学比"好"同学更活跃，他们不甘居人之下，他们更容易成为某一领域的领导。"好"同学处事谨慎，考虑太多，迈不出脚步，他们只能当某一领域的小弟。

第六章

够范儿："坏同学"是将才，
"好同学"是干才

能否成为一个领导者，有没有领导者的"范儿"也是极为重要的元素。相比"好"同学的强理论与专业技术，"坏"同学的管理方式更重要，相比"好"同学从学校便练就出来的服从力、执行力，"坏"同学的领导力更能胜任团队领头人这一角色。所以，"好"同学在工作中表现很好，绝对是个干才，他们也往往是领导者需要的人才，而"坏"同学的多重特性则是做领导不可多得的将才。

Part 1 管理范儿 VS 技术控

■ "坏"同学专注于管理

管理是一门大学问，也是一项技术含量相当高的工作。所以它往往需要那些有主见、有谋略的人来承担、负责。"坏"同学往往具有这种能力和胆识，所以在如今的众多成功企业家和领袖人物中诞生了许多的"坏"同学管理人才。他们尽管没有高学历，但是他们依旧成功了。

为什么"坏"同学能够成为管理人才，是什么所致？

我们可以综合以下几个方面进行分析：

首先，"坏"同学一般随机应变能力比较强，所以在面对一些重大决策和事件时，总能巧妙地将事情比较好地解决。

其次，"坏"同学往往很够哥们义气，很会处理与他人的关系，也就是说有比较好的交际沟通能力，这一点符合了作为管理者应该具备的说服力和沟通能力。

再次，"坏"同学往往接触社会比较早，社会经验和阅历相对丰富，更加懂得如何恰当、有分寸地去处理和化解管理中的矛盾。

最后，"坏"同学一般思维比较活跃，想象力丰富，往往有时候会容易出奇制胜，这就让他们有了更大的晋升和发展空间，储备了更多作为管理者的潜质。

从以上几个方面可以看出"坏"同学自身的品性和特质更加具有当管理者和领导者的资质。

松下电器的创始人松下幸之助就是一个名副其实的"坏"同学。在他小学四年级的时候，迫于家庭贫困的压力不得不中途退学。

让世界为之震撼的是：原本毫不起眼，完全没有学历的松下幸之助却以惊人的姿态和才能成功地创造了日本乃至世界电器企业的神话，向世界诠释了一套价值连城的创业圣经和管理哲学。

松下幸之助成为日本经营四圣之一，被赋予"经营之神"的美誉。

松下幸之助的成功不仅来自于他在艰苦创业时期的坚持之心和刻苦努力，还有一个重要的原因就是在松下电器渐渐步入正轨后，经过经营发现、创立出来的经营管理哲学。这成为人们学习和效仿的管理百科全书，成为企业管理者学习的圣经。

松下电器的成功与松下幸之助作为管理者的身份密不可分，那么，为什么松下幸之助会成为如此卓越的管理者呢？

第一，松下幸之助有一段艰辛和深刻的学徒经历，这段经历成为他人生中重要的一笔财富。他在这段艰难的学徒生涯中体验到生活的艰辛和梦想的珍贵。所以，早在刚刚创立松下电器的时候，尽管遇到了众多的困难和挫折，但他都靠着自己坚忍不拔的决心和毅力以及对梦想的执着坚持了下来。这是作为领导者和管理者必不可少的一个素质。

第二，在创业中，松下幸之助总是能够深入到企业内部，走到员工的工作和生活中去，恰当、友好地处理好自己与员工、企业与员工之间的关系。

第三，在松下电器遇到市场的强大冲击和竞争时，松下幸之助能够纵观全局，随机应变，把握企业的方向，才使得企业在经济洪流中岿然不动，始终走在电器行业的前列。

这就是松下幸之助的管理才能，虽然他没有高学历，但是他比那些"好"同学有社会阅历和经历，总能在矛盾和困难面前随机应变，使企业在自己的管理下有条不紊、井然有序地发展壮大。

从松下幸之助的人生经历中我们可以看出他小学还没有毕业，学历是相当低的，但是，正是这种遭遇让他过早地体验了其他同龄"好"同学所没有经历的苦难。另外在松下电器发展的过程中他懂得如何去建立企业与员工之间的友好关系，这都对他的经营和管理才能起到了很大的推动力量，也为他最终成为世界著名的企业领袖奠定了坚固的基石。

在如今的职场中，许多的老板或企业家前身都有"坏"同学的标签，但是这只代表他们的学历和过去，并不代表他们的能力和实力。

从"坏"同学的身上我们可以看出他们往往具有管理者的才能。不论是他自身的责任心和沟通能力，还是他所具备的随机应变和雄才谋略，都成功地塑造了他们的管理者气质和胆识。

所以，在管理领域和领导阶层大多都能看到"坏"同学的身影。尽管他们没有高学历，但是他们对人情世故非常通达，也对为人处世有一套自己的哲学，总能创造出属于自己的一番事业。

■ "好"同学偏爱于技术

与"坏"同学懂管理比较起来，"好"同学往往更加懂技术。这与"好"同学自身的特质和能力是分不开的。

首先，"好"同学在学校学习成绩一般比较好，并且专攻了一定的专业知识。参加工作后，往往会在某一领域技术特别精湛和熟练，自然会成为一个特别优秀的技术员。

其次，一般做技术方面工作的人，思想意识相对独立和比较缜密。"好"同学受过正统的教育和培训，在这一方面会表现得更加娴熟和突出。

最后，"好"同学自身的性格和素养决定了他们所从事的工作类型。在"好"同学的传统意识中，就是通过学习，掌握一门技能，靠这门技术在社会上立足。

从以上三个方面分析，可以得出"好"同学往往在技术方面会做出一定成就，但是这一特质也限制了"好"同学向管理阶层的发展，他们大多更容易从事技术工作而不是管理和领导方面的工作。

杜磊大学毕业后就没有直接投身到千军万马的投简历应聘洪流中，而是选择走创业这一条道路。用他的话说就是：我有这么强的专业技能，怎么能在别人手下当一个小兵呢？他的父母也觉得杜磊在学校学习成绩

这么好，专业技能这么强，在创业方面肯定也能做出一定成就的。

杜磊在大学里面学习的是室内装潢专业，也就是专攻室内装饰和装修方面的工作。说起杜磊的室内装潢技术，那可以说是一个光荣的发展史。在大学的专业考试和各种设计大赛中，杜磊曾经得过许多大奖，这与他与生俱来的设计天分和后天勤奋是分不开的。所以，首先在杜磊脑海中闪现的是开一家装饰公司。

就这样，杜磊在父母的资金支持下，开始了室内装饰公司的创办。凭借杜磊的设计天分和潜质，他很快就设计出了许多独具创意和新颖独特的装饰方案。

但杜磊无论干什么事都喜欢事必躬亲，所以公司里大大小小的事情他都爱插一脚。不论是对于一个大型的装饰项目还是公司里一个很小的细节，他都要去过问。这样一方面把自己搞得很累不说，还使员工对他的这一做法心生厌烦。

特别是有一次，公司里接了一个比较大的项目，主要是负责一个高级住宅区的室内装修，由于杜磊从未接手过这么大的项目，所以在具体的方案实施和管理过程中，杜磊变得比平时更加慎重和谨慎，手下的员工工作起来没有一点的自主性，最后在项目的装修、人员协调等方面都出现了偏差。

最终这个项目没有如期完成不说，还使公司承受了很大的损失。

后来，由于管理不当，公司内部的问题也开始接二连三地出现了，最终杜磊的创业梦逐渐趋于凋落的境地。

懂技术不一定就能够成为一个创业的胜利者，成为一个优秀的领导者和管理者。"好"同学杜磊的经历就是一个很好的例子和证明。

杜磊可以说是一个真真正正的"好"同学，他在学校的优异成绩和设计能力就足以说明，但是他想象着依靠自己的设计才能和技术就可以实现自己的创业梦，这种想法未免过于单纯，因为一个公司、一个企业的发展仅靠技术的支撑力量是完全不够的，还需要一种能够统领全局的管理才能和智慧，而杜磊缺乏的正是这种领导才能！所以他的创业之梦才会最后面

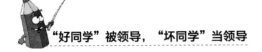

临凋零。

所以，作为"好"同学想单纯地依靠技术就实现管理者和领导者的梦想是无法实现的。有技术是很重要，但在这个技术的基础上，还需要一种经营智慧和管理哲学，甚至包括一些灵活和高明的交际沟通能力。

赵军从小到大在大家眼中都是一个好孩子的形象，不论是在学习方面还是在平时的生活中，都深得大家的喜爱。

大学毕业后赵军进入一家电脑公司上班，由于在学校时学习的是计算机专业，所以在进入这家公司后，从事的主要是电脑编程和技术维修这方面的工作，然而在进入这家公司将近三年后他还只是一个技术员，并没有得到任何的晋升和提拔机会。这一点让一向自豪的赵军感到很苦恼。

眼看着没有自己学历高、也没有自己技术精湛的同事得到晋升机会，荣升到管理阶层。而自己还只是一个普通职员，天天面对的是买车买房的压力，心里就感到很烦躁。于是他就找自己的同事诉苦。

赵军说道："为什么那些比我晚来的没有我学历高，也没有我技术好的人都能够升职、当领导，而我还只是一个技术员？"

这个同事是老员工，目前已经做到市场部主管的位置了。

同事说道："技术是关键，但是作为一个领导者光靠技术是往往不够的，还要有一种管理者的风范和智慧。换句话说，就是还要有领导者的震慑力和魄力，那些平庸的没有任何管理胆识的人注定只能被领导。"

赵军很不悦地说道："那你觉得我有没有震慑力和领导者的风范呢？"

同事笑笑，摇摇头，说道："说句实话，你别不爱听。从工作三年的时间来看，你的技术基本上已经达到一个炉火纯青的境界了，但是在为人处世和争当领导人方面的能力提高得并不多。只要你多注重一下作为领导者和管理者所应该具备的素养和潜质，我相信凭借你的能力肯定会有一番作为的。"

赵军听了同事的话低下了头，决心要全面地培养和塑造自己。

　　功夫不负有心人，在以后的工作中，赵军有意培养自己曾经欠缺的能力，最终在公司几年后的又一轮人事调动中，成功竞选上了技术部主管。

　　"好"同学赵军最终能够摆脱普通技术员的命运走向管理阶层，这个转变的最终力量来自于他听从了同事的建议，认真地去关注管理者所应该具备的素养和能力的培养。如果他依旧按照以前的方式工作也许还只是一个小职员。

　　赵军的经历其实深刻地反映了当前一部分"好"同学的现状。他们接受过高等教育，拥有精湛的技术水平，但是最终却无法走向领导者的岗位，只是一个普普通通的小职员。究其背后隐藏的原因，往往就是他们单有技术，没有作为领导者应该具备的一些素养。

　　就拿电脑编程和维修技术来说，一人只懂得与电脑打交道，只知道怎样设计出一个高级的软件，怎样攻克电脑中的一些繁杂疑难问题，但是他缺少与人打交道的智慧和能力，缺乏与人沟通的技巧，甚至没有做事情的魄力和胆识。在这种情况下，换句话说就是："好"同学只懂得做事，却不懂得做人。所以他们总是与领导者的位置遥遥相望。

■ PK 结果分析

- "坏"同学懂管理，懂得怎样解决管理中的矛盾和问题，再凭借自己的胆识和魄力，所以在职场中能够获取好的人缘和人脉关系，成功地领导自己的下属，管理好自己的公司或者企业。

- "好"同学懂技术，在技术上具有非凡的才能和技术，但是不懂得为人处世方面的一些技巧和手段，所以在管理和经营方面缺乏实用性的智慧和才能，最终往往使自己的领导者之梦受阻。

　　从两者的对比上来看，"坏"同学自身的社会经历和经验以及他自身的特质更加具有管理才能和领导智慧。但是"好"同学却更加精通于技术，缺乏这种管理能力和素质。而对于一个公司和企业来说，往往需要的是一个具有管理才能和谋略的领导者，所以对于"好"同学来说缺少的正是这种特质，也就更加适合做一个被管理者和被支配者。

Part 2 当"领导力"遇上"执行力"

■ "坏"同学垂青 "领导力"

作为一个企业家或者是领导型人物往往需要具备很强的领导能力，这种卓越的领导能力往往与一个人的性格、经历和胆识息息相关。在"坏"同学中往往会涌现出很多具有领导才能的人才。究其原因主要是因为以下几点：

首先，"坏"同学大多具有很大的野心和胆识。他们深谋远虑的果断和干练往往令人折服，使人们都愿意追随他，信任他。所以"坏"同学会凭借自己的威望和信誉为自己的发展壮大注入新的活力。

其次，"坏"同学仗义，人缘好。"坏"同学大多性格比较豪爽，为朋友可以两肋插刀，在交际圈中人脉资源比较充沛。所以，不论遇到什么样的情况总能调动一切力量为自己争取绝对的优势和机会。

最后，"坏"同学为人处世的能力和手段比较高明。"坏"同学懂得如何与人相处，与人沟通，更懂得怎样去化解矛盾，怎样借他人之势为自己服务，特别是在用人方面，更懂得知人善任。

从以上三点可以看出"坏"同学在领导才能方面往往具有这种能力和优势，这样我们就不难看出为什么在这些伟大的、成功的领导型人物中会出现这么多"坏"同学的身影。不论是古代，还是现代，都会有许多"坏"同学通过发挥自己卓越的领导才能最终走向成功，在历史的画卷上留下一抹浓重的印记。

西汉开国皇帝刘邦是中国历史上第一位平民皇帝，他开创了中国历

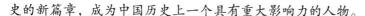

史的新篇章，成为中国历史上一个具有重大影响力的人物。

但追溯刘邦的生平却让人匪夷所思。刘邦小时候并不爱学习，经常逃离私塾，为此还经常挨骂。长大后的刘邦游手好闲，在周围邻居们的眼中完全是一个无赖，甚至还带有流氓的习气。

但是就是如此令人生厌的刘邦却在反秦的大潮中揭竿而起，带领手下，取得了重大成就，并在与西楚霸王项羽的博弈中，成功胜出，成为西汉的开国皇帝。

究竟是什么原因呢？

综合分析，"坏"同学刘邦能够成为历史上叱咤风云、赫赫有名的人物与其过人的领导才能是分不开的。

第一，刘邦自身宽容、豪爽的性格决定了他能够拥有很多的追随者和拥护者。当刘邦揭竿而起，投入到反秦大潮中时，那些手下愿意接受他的领导和统帅，主要是因为生活中的刘邦讲义气，仗义，对待他人宽宏大量。

第二，刘邦具有领导者的胆识、魄力和机智、果断。尽管刘邦受教育程度不高，但是他却具有很高明的情商和智慧。总是能够在关键时候果断做出决策，用自己的魄力和胆识去把握整个战局和趋势，这恰恰是项羽优柔寡断，犹豫不决性格的致命伤。所以，刘邦最终能使项羽"无颜再见江东父老，自刎而死"。

第三，知人善任。为什么恃才傲物的张良和足智多谋的韩信都能够臣服于刘邦手下，为自己打天下而万死不辞？其中最重要的原因就是刘邦知人善任。知道把这些人才放在合适的位置和地方充分发挥出他们的才能和智谋，使他们找到自己人生价值的发挥地，所以心甘情愿地为刘邦效忠尽力。

第四，虚怀纳谏。作为领导者最忌讳的是狂妄自大，目空一切。刘邦在这一方面做得很好。他宽容大度，具有亲和力。他很谦虚地接受部下的建议，并且与部下建立一种亲切和融洽的关系。为自己的重大决策和成功准备了充足的素材，奠定了基石。

这就是原本具有"地痞"、"流氓"称号的刘邦为什么会坐上皇帝的

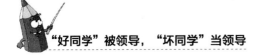

宝座，领导和谱写了一段辉煌历史，成为人们不断学习和研究的领导楷模的主要原因。

刘邦成就西汉伟业就是"坏"同学实现领导梦的典型代表，从刘邦最终能够走向皇位的原因分析中可以看出，刘邦是一个相当具有领导者才能的人物。刘邦一方面具备作为领导者所应该拥有的宽容大度、仗义直爽的性格，另一方面还具有知人善任、虚心和果断、机智的优势。

假如把刘邦和项羽相对比来看，刘邦如果像项羽那样做事优柔寡断，狂妄自大，历史也许就会被改写了。正是靠着自身的这种优势，刘邦最终能够果断、坚定地把握先机，拉拢人才，为己所用，并且打败项羽，稳坐自己的西汉江山。

所以，从刘邦的身上我们可以看出，"坏"同学在经营自己的事业和人生时往往会有属于自己的一套经营哲学和方法。

■ "好"同学牵手 "执行力"

"好"同学在工作和生活中往往会存在这样一个现象，那就是习惯被动地接受一些事务，然后按部就班地一步一步实施。也就是说"好"同学有很强的执行能力，但是却缺乏主动领导和管理的能力。

为什么会存在这种现象呢？探究其原因还要应该从"好"同学的身上着手。一是因为"好"同学在长期受教育的过程中，一直是老师在主动传授知识，而自己是被动地接受知识。这种模式让"好"同学的思维受到了限制和制约，所以在工作中他也往往会习惯性地接受这种模式，从而渐渐失去了对事务采取主动领导和决策的能力。

二是因为"好"同学在接受知识的时候，只是表面地接受了知识，其实并没有实际的操作能力和经验。他们保守和谨慎的态度决定了他们不敢轻易地去接受和挑战那些具有风险的事情，只是被动地接受和承担，或者按照别人部署的计划一步步地去执行，去操作。

这两个基本的原因就限制了"好"同学在领导能力方面的发挥，也就注

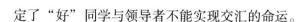

定了"好"同学与领导者不能实现交汇的命运。

所以，"好"同学这种被动接受，缺乏魄力和胆识的品性决定了他更加适合做执行者。只要他人将所有的困难解决了，他只需要去执行设计好的计划，按部就班地去执行就好了。

赵柯是一个从小就很爱学习的"好"同学，幸运的是他还考上了国内知名品牌大学的研究生。研究生毕业后，赵柯经过多家公司的应聘，最终尘埃落定，成为一家广告策划公司的一名广告设计员。

到目前为止，赵柯已经在这家公司工作了将近三年，但是在事业上还未有任何突破，还只是一个普通的设计员，与自己远大的设计师梦想还很遥远。

最近公司新接了一个项目，在公司召开的会议上，领导要求大家说出自己对这个项目的看法，以及具体的策划方向和创意。

赵柯看着大家一个个地站起来发表自己的看法，自己却一点积极性和主动性都没有。他想：这个项目最终的方案肯定不是一个人说了算的，与其在这里毫无意义地争论和探讨，还不如等大家讨论出具体的方案自己直接去执行好呢。

于是在整个会议中，赵柯始终没有站起来发表自己的任何观点和看法，自始至终地等待着大家最后的讨论结果。

然而令他失望甚至遗憾的是，这个项目的最终结果采纳的竟是一个初入职场的新人的建议，并且这个新人在领导的心目中留下了很好的印象，并得到了很高的赞誉，在公司里风光了好一阵。赵柯现在开始后悔自己当初为什么不站起来发表一下自己的看法，就这样让机会悄悄溜走了。

这只是赵柯职业生涯中的一个经历，在大多数情况下他保持的一直都是这种低调的作风，从没有主动地站起来发表自己的观点，只是一味地等待大家最终讨论出结果，然后自己再按部就班地按照计划和要求去实施。当然，他在工作中也就失去了很多表现自我的机会，没有给自己的晋升提供任何有说服力的元素。

这就是为什么这么长时间以来，赵柯一直都停留在自己原来的位置上没有丝毫晋升和上升空间的原因。

赵柯一直停留在普通的岗位没有取得任何进展和提升，其根本原因就是因为他只关注这个工作的执行力，而没有积极主动地去探索和寻求其中任何可以给自己提升发展空间的机会。所以在平淡的工作中很难找到一个突破口，更无法在领导者的心中留下一个深刻的印象。

从赵柯的故事中我们可以看出，"好"同学在工作中往往缺乏一种敢于挑战和冒险的精神，他们只是被动地等待和接受他人的建议和决策，没有主动出击，所以一直缺乏一种敢于领先他人，表现自我的勇气。

"不在沉默中爆发，就在沉默中灭亡"，"好"同学一贯的低调作风很容易使自己陷入一种沉默的尴尬处境中，最终丧失掉自己的本色和魅力。所以"好"同学应该学会在沉默中爆发，张扬自己的个性，充分地表现出自己的风采，在他人心目中树立起自己的威望，摆脱小弟和员工的命运，像大多数"坏"同学一样成为一个领导者和管理者。

■ PK 结果分析

- 作为一个领导型人物，首先就要具有魄力和胆识，需要个性十足。"坏"同学一般喜欢张扬个性，展现自己的风采，能够积极、主动地去承担和决策；而"好"同学则往往喜欢保持低调的风格，大多擅长被动地去接受，去执行。

- "坏"同学的性格和处事方式与做领导者的素质相匹配，比较适合做领导，而"好"同学的心态和做事风格则比较适合做员工。

  从两者的对比中我们可以看出"好"同学的执行能力比较强，而"坏"同学的领导能力比较强。所以在众多的领导者中涌现出很多的"坏"同学，而"好"同学则大多是执行者。所以"坏"同学具有较强的做领导的优势，"好"同学应该不断地提升自己做领导者的素质和涵养，才能成为一个领导者。

Part 3　塑造魅力，而不是仅靠踏实

■ "坏"同学散发人格魅力

人格魅力是一个人整体素质和涵养的体现，是一个获取他人信任和拥护的重要因素，也是一个人精通为人处世手段和策略的体现。

"坏"同学往往具有很强的人格魅力。他们尽管学习成绩不好，但是在为人处事和彰显人格魅力方面具有很强的优势和特色。这就是为什么在"坏"同学中会诞生出许许多多优秀的领导者和企业家的原因。

对于一个企业来说，领导者的个人魅力其实是这个企业核心文化的缩影，是企业凝聚力的助推器，也是企业的一种无形资产和财富。所以领导者的人格魅力对企业的生存和发展显得尤其重要。"坏"同学正好具备了这种人格魅力，所以他们往往能够凭借自己独特的个性和魅力成为一名优秀的领导者。

袁野在大人眼中就是一个名副其实的捣蛋王，还有人直接称他为"野马"。原因就是在上学期间，袁野学习成绩很差，经常借故逃课，和街上的小混混们混在一起，还经常打架闹事。

老师和家长使用了很多狠招也没有成功地将这匹"野马"驯服，导致最后的结果就是袁野在初中毕业后，没有考上高中。父母看他也没有把心思放在学习上，就只好让他待在家。

但是天生好动的袁野等在家的新鲜期一过，又开始坐立不安了，于是他向父母提出了去南方打工的要求。尽管父母觉得他年纪还小，但是拗不过他，只好同意他和自己的老乡一起南下。

只有初中学历的袁野，在找工作的途中处处碰壁，但他天生是一个乐观主义者，这些挫折并没有打击他的自信心。他做过许多种工作，在酒吧和饭店里做过服务生，在建筑队上当过小工，还从事过销售方面的工作。这些经历都成为袁野后来事业和人生中的一笔宝贵财富。

在南方将近四年的打工生涯中，袁野练就了一身为人处世的本领，他在大家的眼中已经不是当初那匹桀骜不驯的野马，相反，成为了一个很有人格魅力的人。

回到家乡后的袁野凭借自己的阅历和经验，在自己所在的县城开了一家餐馆，以此实现自己的创业梦。

在创业初期，资金和人员都不是太充足，但是袁野很能吃苦耐劳，好多繁杂的工作他都能够一个人扛过来，并且对员工很体恤，即便是自己累一点，也没有让员工加班。他的举动员工都看在眼里，记在心里，并且自愿地与他一起度过了创业前期的艰难时光。

接下来，经过两年的发展，餐馆的生意逐步地走向了正轨。袁野有了扩大餐馆规模的想法。他认为餐馆的经营不是自己一个人的事情，应该集思广益，团结一致。

就这样，袁野谦逊自敛的态度赢得了大家的信任和拥护，最终经过大家的商议，决定在扩大规模的同时，也增加饭菜的种类和服务项目。

目前，袁野的餐馆已经由原本的一个小餐馆发展到全县城最有声誉的大饭店，如今是集餐饮、娱乐和服务设施于一体的大饭店。他也成为了本地区赫赫有名的大老板。

"坏"同学袁野的成功形象生动地诠释了"坏"同学也可以凭借自己的人格魅力取得成功的道理。从袁野的经历中我们可以看出，他原本是一个不折不扣的"坏"同学，但是在打工的经历中，他磨炼了自己的意志和心态。所以在创业的过程中他懂得发挥自己的人格魅力，用自己的真诚和品质去经营、管理自己的团队，从而实现了自己的创业梦，成功地当上了老板，摆脱了"野马"称号。

人格魅力反映的是一个人的整体素质和品质，不仅是自身的战略胆识和魄力，还有就是与他人的沟通交际和为人处世能力。一个人能够成功，关键还取决于他自身的这种人格魅力和整体素养。"坏"同学往往接触社会比较早，灵活应对能力比较强，所以在社会阅历和经验的支配下更容易练就一身处事的本领，人格魅力施展得也更加透彻，也就更加容易在人们心中树立一

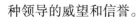

种领导的威望和信誉。

作为一个企业的领导者和管理者，很重要的一个素质就是具有充满魅力和个性的特质。而"坏"同学往往具备这种素质和特质。所以在面对一些重大事项时，往往会靠着自己的胆识和魄力，做出果断的决策；在与下属和员工相处时，用自己的独特魅力去征服他人，建立起自己作为一个领导者应该具备的形象和威望。

■ "好"同学崇尚作风踏实

"好"同学往往给人留下的是踏实稳重的印象，尤其在工作中总是默默无闻地付出，在平凡中积累和沉淀自己的能量，逐步地去实现自己的目标和计划。

不论是在职场中还是在生活中，"好"同学往往喜欢一种慢中求稳、求进。他们更愿意按照脚踏实地和按部就班的做事风格去实践自己的计划和目标。

"好"同学的这种做事风格和习惯往往会让他们保持一种稳定和踏实的生活状态，使他们的工作稳定，不必承担一些风险，但也会埋没"好"同学的领导才能，使他们失去一些可以展现自我风采的机会。

所以，从这一点来说，"好"同学的踏实稳重更加适合从事那种不需要承担风险的工作，这也就决定了"好"同学大多会成为一个被领导者而非领导者。因为那些追求踏实和稳重的做事风格往往是那些"好"同学在职场和工作中的写照。

张凯研究生毕业后，进入一家大型的外企，主要从事的就是一些设计方面的工作，除了平时的文案设计工作，张凯还要负责一些大型项目的策划工作。

张凯的设计水平是毋庸置疑的，他精通很多软件操作和图片处理技术。在工作中他总是很谨慎细致地将自己要设计的方案准备好，绝对保证按时完成。可是做事如此踏实稳重的张凯在这家外企工作了将近三年

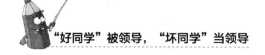

还是没有任何提升。

一次，张凯与自己的上司进行了一次谈心，张凯直言不讳地说："王总，我进入公司这么长时间了，您看是不是该给我升个一官半职的呢？"

王总说道："你太踏实了，完全没有一点突破性的发展，看不到你开发的潜能和给你升职加薪的机会。"

张凯还是搞不清楚王总的意思，摸着自己的后脑勺说道："踏实稳重不好吗？难道非要让我急于求成？"

王总拍着他的肩头说道："急于求成倒不必，关键是你要让老板看到你的成绩！"

张凯听了，回想自己这三年来一直规规矩矩、脚踏实地地做事，好像真的没有做出一件特别出众的事情，怪不得老板一直没有发现自己的潜能呢。

从此以后，张凯工作中不仅重视脚踏实地，还更加注重追求自己的个性和自我表现。

其中有一次，公司里就一个设计问题集思广益，要求大家都提出自己的建议和看法。但是好多人都没有直接站出来发表意见，只有张凯站出来阐述了自己的观点，没想到他的这个提议获得了大家的一致好评，后来这项提议给公司创造了极大的经济价值和效益。

张凯也因为这一创举在领导的心中留下了很深刻的印象，并且引起了他人的关注。一年后在公司的新设计总监提拔中，张凯最终靠着自己的独特个性夺得了这个桂冠。

从"好"同学张凯的例子中我们可以看出，"好"同学在工作中一贯主张踏实和稳重的生活作风，憧憬一种细水长流的工作准则。这种工作态度和做事风格固然有它的好处，但是也往往会使他们陷入一定的困境之中，那就是使自己缺乏个性，容易在激烈的竞争中失去一些珍贵的机会。

所以对于"好"同学而言，这种踏实和稳重的做事风格与作为一个领导人物所应该具备的那种独立个性、敢闯敢为的处事风格是相违背的。所以"好"同学往往只能成为一名好员工，一个被领导者。

高超在大学毕业后，由于学习成绩比较好，学校挽留他留校做辅导员，但是高超并没有把握这个机会，而是选择自主创业。

经过调查，高超发现，在市区的北部有一片新开发的楼群，其中包括高级住宅区，还有高级写字楼。并且这片楼群处于市区的北四环区域，房价相对较便宜。那么就意味着有很多的商家会选择在这里租借办公室和买房。那么对于这些上班族来说饮用水就会是一个必不可少的东西。所以高超开始决定在这里开一家饮水机专卖店，并提供送水服务。

一旦确定好了创业项目和方向，高超接下来就开始投入到具体的创业筹备和实施中了。他暗暗地告诉自己，做生意是存有风险的，自己一定踏实，稳重，千万不能急于求成，使自己掉进创业的险境中。

经过一段时间的筹备工作，高超的饮水机专卖店正式开始营业了，为了做好宣传，他还做了促销活动：那些凡是在他店里购买饮水机的客户都可享受免费 5 桶纯净水的优惠。令高超欣喜不已的是，促销效果还不错，总算是为自己的创业打开了一个很好的开端。

转眼间半年过去了，这篇新楼群逐渐地进入了很多商家和居民，也就是说高超需要面对的客户群更大了，于是他专卖店里的员工向他提建议："现在客户量增大，我们应该稍微扩充一下店面，增加一些饮水机的种类，招聘一些业务员，才能保证我们的生意辐射面更大，盈利的可能性更大。"

然而，高超摇摇头说道："做生意不能急于求成，需要脚踏实地，什么也没有踏实稳重重要。就像你说的，扩建规模和招聘人员应该等到我们专卖店发展壮大一点再做规划吧！"

底下的员工虽然还想再说些什么，但是看到高超如此顽固，也就没有再说什么。

就这样，高超只把自己的客户固定在几十家，并没有一点想继续扩充客户的意思，一直在踏实稳重的思想意识下坚持着自己的做事风格和原则。

三年过去了，这片地区真正地发展起来了，有许多的人开始向这片地区聚集。按照常理来说高超的生意应该是很不错的，但是恰恰相反。

因为其他商人也看到了饮水机专卖和送水的这个市场，也不断地在这里占领市场。

对于高超来说，一直坚持原本的踏实和稳妥作风，使自己丧失了拉客源的绝好机会，如今面对巨大的市场空缺，卖不出去饮水机，只能靠着一直给原本的几家客户送水维持。

现在高超开始后悔自己当初没有听从他人的建议，倘若当时自己垄断了这片市场，现在也不至于沦落到这种弱肉强食，举步维艰的境地。

高超在创业初期强调和重视脚踏实地的这种想法是难能可贵的，但可惜的是，他并没有根据当时的市场情况做出调整，只是过度地坚持自己一贯的稳妥计划，从而使自己的市场开拓受到限制，使自己做老板的希望面临破灭的危险。

"好"同学在学习的过程中经常受到老师们所教导的脚踏实地，按部就班思想的影响，所以在工作中也往往会存在这种思维误区，认为干什么事都要稳中求进，恰恰使自己错失了一些可贵的机会。

所以，从高超的经历中我们可以发现，"好"同学踏实的做事风格在一定程度上是有助于自身发展的，比如说在创业的前期或者刚步入职场时。但是一旦过度地沉迷于这种思想，那么他们将会受到外界的限制，最终将会与市场脱节，为自己的事业道路增添障碍。

从这种处事态度和风格来说，"好"同学太过于循序渐进和按部就班，不能有效地、快速地抓住机遇，最终只能处于一种被动和消极的地位，失去原本的主动权和领导地位。而"坏"同学则恰恰相反，总能在关键时候保持自己的个性，该出手时就出手，把握时机，敢于挑战和把握稍纵即逝的大好时机。所以"坏"同学更加容易通往成功者的阶梯，成为一名优秀的管理者和领导者。

■ PK 结果分析

• 踏实稳重的做事风格和工作态度在一定时期内是很明智的一种态度和决

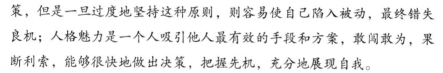

策，但是一旦过度地坚持这种原则，则容易使自己陷入被动，最终错失良机；人格魅力是一个人吸引他人最有效的手段和方案，敢闯敢为，果断利索，能够很快地做出决策，把握先机，充分地展现自我。

- "好"同学在职场和生活中往往强调踏实稳重，但缺乏挑战的勇气和个性；"坏"同学张扬个性，习惯于用自己的个性魅力去征服他人和自己的世界。

"坏"同学他们注重关键时机大显身手，充分地展现自己的能力，为自己的成功奠定基石。而"好"同学则往往缺乏这种魄力和个性，他们大多喜欢停滞在一个特定的模式和状态下，踏实稳重地一步步去实践自己的事业。

第七章

够铁:"坏同学"是领导,
"好同学"是小弟

"坏"同学爱交"哥们儿",爱跟身边的人打成一片,即使是职场上的人也常常是"非兄即弟",极具江湖义气、人缘广博的他们最不怕的就是民主,因为掌控选举权的人们都是好兄弟,选他们当"头儿",可谓是众望之所归。

"好"同学之中不乏"独行侠",当然也有要好同事,要成为一个团队的心之所向,被簇拥为"头领",恐怕还差些火候,仍需在小弟阶段锤炼一番。

Part 1　江湖义气也是种魄力

■ 领导：是好是坏都是我兄弟，关键时刻要拉一把

那些重情谊、讲义气的"坏"同学不管自己处于何种境地，总是十分真诚地对待朋友，当朋友遇到困难的时候总是能够伸出仗义之手，给对方以帮助和关心。

为什么呢？

因为在许多"坏"同学的意识中，团体意识很重要。他们认为大家既然是一个团体和整体，就要心连心，就要时刻团结在一起，在彼此遇到困难的时候能够互相帮助，渡过难关。

这种做法不仅可以帮助对方摆脱困境，聚集整个团队的力量，还树立了自己豪爽和仗义的领导形象，从而更容易折服众人。

在大家的眼中，学校里的刘志强就是一个完全没有自制力和学习兴趣的人。因为从小到大，刘志强在班级里的成绩排名都是比较靠后的。

特别是到临近高中毕业的时候，叛逆的他还经常逃课，这样，他最终没有考上大学。

于是，高中毕业后的刘志强就在父母的安排下，来到一个亲戚家帮忙。亲戚家做的是关于建材方面的生意。刘志强来到这里后，就开始了自己人生的第一份工作。

在亲戚家的公司一直工作了将近三年的时间，但是公司最终倒闭了。综合这三年的经验，刘志强分析出生意失败的根本原因就是公司内部人员的不团结。特别是作为老板，对员工的要求太苛刻，从来不注重自己与员工的团结和合作。一旦其中某个员工犯下错误或者销售落伍，老板总是无

情地将其辞退，不是在关键时候拉他们一把，而是把对方逼近了死胡同。

吸取了这个教训，刘志强决定自己创业的时候一定要摒弃这种不好的习惯和做事风格，争取与自己的员工打成一片，关注自己团队的每一个成员。

回到家乡后的刘志强不得不重新寻找出路，最终在父母的帮助下开了一家家电器材专卖店，并且还招聘了几名导购员。有了两年的工作经验，再加上自身的亲和力，刘志强不但与员工打成一片，还使自己的生意变得兴隆起来了。

一次，专卖店里的一名导购由于疏忽大意，使公司遭受了很大损失。这名导购深知自己犯了大错，所以上班时候总是提心吊胆，郁郁寡欢的。

当刘志强听说了以后，单独找到她说："我们是一个团队，你的错误也是我们整个团队的错误，作为老板我也有责任，我会在关键时候拉你一把，不会因为你的失误就让你直接走人的。"

正是靠着这种够义气，够哥们的做事态度和作风，刘志强和自己的团队紧紧地团结在一起，最终使自己的团队力量凝聚得更加强大，生意也越做越大了。

两年后，他的店面规模不断地扩大，成为当地最大的、效益最好的家电专卖超市。他自己也随之成为当地为人敬重的大老板。

"坏"同学刘志强的成功一方面来自于他最初将近三年的工作经验，另一方面还来自于他有意培养自己团结员工的素质和特质。当员工犯错的时候，他没有很武断地让员工承担所有的损失，而是强调团队的力量和责任。他在关键时候拉了自己员工一把，正是这种宽阔的胸襟和哥们义气，使他最终打造出一支强有力的团队，成功地经营起了自己的超市。

假如刘志强像亲戚那样经营自己的专卖店，像那种老板一样很苛刻地对待自己的员工，不注重团结，那么他现在的命运也许就不会是这个样子了。正是他敢于原谅他人的错误，敢于团结他人才使自己的事业走向了希望之路。

所以从这一点来看，"坏"同学在工作和事业中更加注重团队的团结，更加重视彼此之间的情谊，更加具有做老板和领导者的涵养和素质。

■ 小弟：不能因为一颗老鼠屎，坏了一锅粥

在一个团队中，往往会出现这样一种情况，一旦一个人成绩或者能力不强，有些人就会嫌弃和排斥他们。因为这些人会认为这个人水平太差，会影响整个团队的发展和进步。其实在有些"好"同学的意识中也会存在这种思想。

大多数"好"同学会这样认为，那些技术能力比较差的人往往会拉整个团队的后腿，不能给团队争取荣誉和利益，反而会使团队的整体实力受到影响。其实"好"同学思考这个问题的角度是不合理的，既然大家是一个团队已经成为一个事实，那么就不要有这种把谁开除的心理，只有团结一致，帮助那些实力较弱的人，共同进步才是正道。

"不能因为一颗老鼠屎，坏了一锅粥"是一种狭隘的心理，这种心理往往会让"好"同学的人际交往受阻，还有可能使整个团队的向心力和凝聚力受到威胁和削弱，从而使"好"同学的事业发展受到限制。

这就是为什么一些"好"同学不能在团队和事业上成为一个具有威望和能力的领导型人物，只能接受他人的领导和统帅的原因之一。

春江和夏海是大学同学，唯一不同的是春江是大家眼中学习特棒的"红人"。而夏海只是一个喜欢旷课，玩网游的"坏"同学。

大学毕业后，大家都纷纷被卷入找工作的洪流中，很巧的是春江和夏海都应聘到了一家跨国公司。到目前为止两人已经在这家公司工作将近三年了，但是如今两人的现状却令大家大跌眼镜。因为在大家眼中根本没有任何希望的夏海已经成为了这家公司的设计总监，统领整个公司的设计团队，而曾经被大家一致看好的春江还只是一个很普通的设计制作人。

大家都对两人今天的极大差距有很大的质疑和困惑，其实就春江自己也不知道，在学校自己什么都比夏海强，在工作中怎么会输给他呢？

其实很简单，夏海在同事眼中是一个够哥们、讲义气的人，他总是

能将所有的设计人员当做一个团队、一个整体。然而春江则不是这样一个领导形象。他在很多时候总是从自己的利益点出发，不能将整个设计团队的利益与公司的整体利益联系起来，甚至会排斥那些刚加入设计团队的成员。

所以，“好”同学春江平时在与同事的相处中，总是不能很好地处理彼此之间的关系，也很难给对方留下一个很好的印象。而夏海的仗义和义气彻底地征服了大家，受到了大家的热烈拥护和信任。

在公司三年一度的新任设计总监竞争大赛中，夏海凭借自己平时建立的团结互助和领导形象胜出。尽管春江的专业设计水平比夏海要强很多。

“好”同学往往会因为缺乏团结之心，没有将团队整体利益作为出发点，而造成与同事之间的隔膜，最终失去很多可以大展宏图的机会。就像故事中的春江，尽管在大家眼中是一个很有前途和希望的好学生，但与“坏”同学夏海比起来还是缺少一种魄力和威望，最终只能成为一名职员而不是统领整个设计团队的设计总监。

“好”同学在职场中如果缺少宽阔的胸襟，不能将整个团队容纳于内心，就会造成自己与整个团队的偏离和疏远，那么，在激烈的职场竞争中就很难得到众人的支持和拥护。相反，那些“坏”同学总能因为其某些“坏”的特质而在团队中树立起领导形象，最终得到大家的信任和认可。

■ PK 结果分析

- “坏”同学往往很仗义、讲义气、重情义。所以会特别注重团队的团结和合作，那么，在激烈的职场竞争中往往会得到强大的支持力量，为自己走向更高远的职业目标奠定一个坚实的基础。
- “好”同学大多数情况下更加专注于自己的立场和利益，漠视整个团队和集体的利益，很难服众，也很难在大家心目中树立起一个把握全局、有整体意识的领导形象。

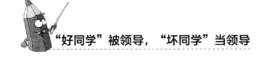

从两者的对比来看，"好"同学在团结同事和全局意识方面缺乏作为领导者应该具备的能力和度量，所以这种缺失也是"好"同学可以从"坏"同学身上好好借鉴的。

Part 2 给别人退路，也是给自己机会

■ 领导：这样啊……那好吧

古人云：海纳百川，有容乃大；壁立千仞，无欲则刚。说的就是宽容的力量，宽容他人不仅可以彰显自己的人格魅力，也可以帮助自己成就伟业，"坏"同学往往都具有这种特质和美德。

在"坏"同学的思想意识中，如果别人对自己造成了不利或者伤害了自己，对于这些"坏"同学来说都是可以宽容和原谅的。

为什么呢？

因为"坏"同学都是很大度和讲义气的，他们不会因为一点小摩擦或者误会一直耿耿于怀。他们拥有宽广的胸怀和气度，总是能给对方一条退路，给对方一个台阶下，从而使对方能够有改进和重新来的机会。这恰恰符合了作为领袖和领导人物所应该具备的那种宽容、大度的风范和气质，这也是他们为什么能够拥有很高的威望得到众人的支持和爱戴的重要原因之一。

在历史的长河中，有许许多多的例子证实了"坏"同学往往具有宽容之心，并能凭借自己的这一人格魅力成就自己的春秋伟业。其中楚庄王就是一个显著的例子。

历史上有名的"绝缨晏"故事讲的就是楚庄王怎样宽容他人，并因此而获得他人的信赖和忠诚的道理。

话说春秋战国时期，楚庄王是一个风流成性，天天沉迷在歌舞升平

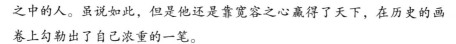

之中的人。虽说如此，但是他还是靠宽容之心赢得了天下，在历史的画卷上勾勒出了自己浓重的一笔。

一次，楚庄王邀请全朝文武百官到自己的宫殿饮酒作乐。这个宴会一直从中午进行到晚上，大家都有喝醉的迹象了。喝到尽兴处，楚庄王让自己最心爱的妃子去给百官敬酒。这个妃子是一个绝色女子，大家都被她的美丽容颜所吸引。突然有一阵风将殿堂里的灯吹灭了，顿时陷入了一阵黑暗。妃子回到楚庄王身边说道："刚才黑暗之中，有一人想调戏我，由于看不清他的脸，所以我就将他的帽缨摘了下来。希望大王给我做主，治他个'欺君之罪'吧！"

原本以为楚庄王一定会治这个人的罪，但出乎意料的是，他突然说道："先别掌灯，今天难得大家这么高兴，干脆大家都把自己的帽缨摘下来，喝得更加痛快！"

等到宴会结束后，妃子抱怨道："有人这么做其实是对您的大不敬，您怎么还放他一马呢？"

楚庄王回答道："人喝醉之后难免会做出荒唐之事，况且是你这样拥有绝世容颜的女子，我相信他在清醒之时绝对不会这么做的。"

于是，这件事就这样平静地过去了。

后来，楚国与齐国开战，楚国的大军很快将齐国的都城围截得水泄不通。楚庄王没有想到战事会这么快取得进展，并大大地赞赏当时统帅前线的大将军镐军元帅。镐军元帅却说："功劳不全在于我领导有方，最关键的是唐狡将军带领的一百多名敢死队勇往直前，誓死拼杀才取得有利先机的。"

楚庄王没有想到自己的军队里竟然有如此骁勇善战之才，于是，很激动地吩咐下去："速传唐狡前来见我，我一定要大大地奖赏他一番。"

从前线急速赶回来的唐狡满身是血，只见他跪在楚庄王面前说道："有罪之人前来谢罪。"

楚庄王被眼前的一切给搞糊涂了，说道："我本来是要好好奖赏你的，你怎么说自己是来请罪的呢？"

唐狡回答道："大王有所不知，当初被摘取帽缨之人正是我，当日受

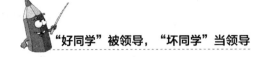

恩于大王的宽容和大度之心，才能有今日所为。大王这恩万死也难以报答。还请大王治我的罪吧！"

楚庄王听了恍然大悟，接着哈哈大笑，说道："原来是这样，这件小事我早已忘记了。既然是激怒了本王的爱妃，那本王就替她原谅你了……"

通过这次事件，楚庄王宽容大度的人格魅力受到了更多人的拥护和爱戴。并且也靠着这一关键战役，及后来的决策成就了一代霸业。

在面对一些错误时，只要不触犯集体的利益，"坏"同学往往会将别人对自己的伤害和错误之举缩小到最小化。

当楚庄王的爱妃将自己被调戏之事告诉他时，楚庄王从人喝醉酒后容易做出荒唐之事出发宽容了唐狡。这本来只是自己的一个宽容慷慨之举，没想到会得到唐狡如此的忠心和效力，并因此获得更多人的信赖和拥护，最终实现了自己的春秋伟业。

这就是宽容他人，给对方留条后路，同时又成就自己的鲜明代表和真实写照。其实在现实的生活中，也有很多这样的例子。那些"坏"同学往往具有宽广的胸怀和大度非凡之心，这也往往成为他们征服他人，取信于他人的一种途径。

几年前，在大家的眼中，李涛还是一个完全不务正业，不好好学习的"坏"同学。因为在大学期间，李涛完全没有好好把握学习的机会，不是逃课，就是待在宿舍睡觉或者出去泡吧。总之，毕业考试的时候，由于三门课程没有通过毕业考试，最终失去了拿到大学毕业证的机会。

家里人提起这件事情就恨铁不成钢，老是说这孩子太没出息了。然而李涛却以惊人之举，在大学毕业四年后，成为全班同学里最先买得起房子和车子的同学，就连那些年年拿奖学金的"好"同学也望尘莫及。

那还是李涛在进入这家建筑工程公司将近一年的时候，当时公司新接了一个项目，没有什么人愿意接。李涛仔细考虑再三，决定接了这个

项目大干一下。巧的是当时的上司也自告奋勇地站了出来，提出也要接这个项目。

于是，领导决定让他们两个同时接手，共同把这个项目完成。

李涛和上司开始了这个项目的实施工作，两人商议首先要设计一个具体的实施方案。

几天后，两人都设计出了自己的方案，并召开了会议讨论方案。绝大多数人纷纷都支持李涛的设计方案，觉得他的方案实际操作性比较大，还经济实惠。相反，认为上司的那个方案虽然表面上看起来也很经济实用，但是具体实施起来并不容易。于是，李涛提议可以将两人的设计方案综合一下，修改一下不合理的方面，争取做出一个更加完美的方案。

大家觉得这个建议不错，上司表面上也同意了。但是上司是一个固执的人，在最终的方案提交过程中他并没有将其中一个关键的项目做修改，而是直接按照自己原来的构想提交了，因为他坚持相信自己的想法是对的。

结果可想而知，这个项目在实施的过程中无法正常实施，最后使公司遭受了很大的损失。最终领导要追究两人的责任，虽然李涛是一个无辜者，但是也难以幸免。

李涛找到上司说道："我们本来商议出了一个更好的方案，但是你却执意地坚持你的方案，最终没有经过大家的同意私自将你的方案上交，使工程无法正常顺利地实施。假如只是伤及到我的利益，我可以不计较，但是这已经危及公司的利益，并使其他人蒙受牵连和损失。所以我无法原谅你。"

上司现在也意识到是由于自己的自私和固执给公司造成了极大的伤害，自知理亏，也就没有再辩驳什么。

之后的李涛继续卖力地完成其他项目，对这次的事件绝口不谈。一年以后，上司调职，临行前向领导提议让李涛接替自己原本的职位。因为他发现李涛是一个大度的、宽容的、有原则性的、更加具有管理者和领导者胸怀的人。李涛得到了大家的拥护和支持，最终成功地升任为该

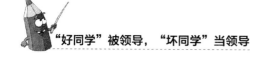

部门的主管。

当李涛发现上司犯了错误，并威胁到自己和其他员工甚至公司的利益时，他说道"假如只是伤及到我的利益我可以不计较，但是这已经危及公司的利益，并使其他人蒙受牵连和损失。所以我无法原谅你。"这可以看出来李涛的宽容之心是有一个原则和底线的，他可以忽略对方对自己造成的伤害，但是无法容忍对整个公司和集体造成的损失。他的这种态度和处事风格符合作为管理者和领导者所应该具备的独特气质和潜能，最终使他的事业发生了一个重大转折和突破。

■ 小弟：啊！ 你怎么可以这样

有些人会把别人对其他人或者团体造成的伤害当做一件无所谓的事情，总是持一种漠视的态度，但是当别人触犯了自己的利益和底线时又会斤斤计较，久久不能释怀。

有些"好"同学恰恰都存在这种心理和态度，其实这是一种缺乏责任、自私自利甚至是冷漠的行为。这在一定程度上就将"好"同学置于一种很狭隘的空间，使"好"同学不能够完全去释怀自己的宽容之心，使自己的人格魅力受到了约束。

这种态度偏偏与作为领导者应该具备的宽容大度的做事风范相背离，并且还缺乏一种把握全局、团结一致的精神，最终使自己与领导者的领导形象越走越远。

陈墨在大家眼中是一个彻彻底底的好学生，在大学期间不仅得了很多奖项还每年都拿奖学金，最终以优秀毕业生的光荣称号结束了四年的大学生活。

幸运的陈墨很快在本市的一家公司找到了一份很不错的工作。有一天，陈墨下班后没有直接离开公司，而是待在公司里加了一小会儿班，因为前几天接到的单子还有一些数据需要审核和整理。当他正忙着的时

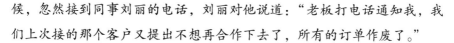

候，忽然接到同事刘丽的电话，刘丽对他说道："老板打电话通知我，我们上次接的那个客户又提出不想再合作下去了，所有的订单作废了。"

陈墨一听，慌了，急忙说道："可是我们已经根据他订单的要求生产了一大半的产品了，况且他还没有预付定金，这样做不是让我们赔本吗？"

刘丽说："那没有办法，客户现在拒绝付款，要求退货，当时订单的事情是由你负责的，你最好还是再跟客户联系沟通一下，看一看是否还有挽回的余地。"

陈墨从来没遇见过类似的事情，于是，诚恳地对刘丽说道："刘姐，你工作时间比我长，经验也比我多，我看还是你去吧，我觉得你去协商胜算的机会要比我大。"

就这样，陈墨跟刘丽软磨硬泡了半天，刘丽最终承诺自己一定会把这件事情搞定的。陈墨想当然地认为凭着刘丽的经验，一定会把事情圆满结束的，于是就很放心地继续自己手头的工作了。

然而，事实出乎意料。尽管刘丽尽了最大力量去沟通，最终还是没有成功说服客户，就这样，陈墨不得不承担所有与订单有关的责任。

当刘丽把谈判结果告诉陈墨时，陈墨傻眼了，想到自己要承担所有的后果，于是抱怨地对刘丽说道："你不是说你可以把事情圆满结束的吗？怎么结果还是这么糟呢？现在还要让我来承担后果，我怎么这么倒霉啊！"

刘丽很无奈地回答道："我已经尽力了，关键是这个客户太不好沟通了……"

当领导追究责任的时候，陈墨理直气壮地说道："其中很大一部分原因是刘丽造成的，要不是她答应我一定会把事情解决的话……我真不该让她去……"

从此，每当看到刘丽，陈墨就觉得不顺眼，不肯原谅她曾经做出承诺，但是还是让自己承担重大后果的行为。领导通过这次事件以及平时工作中的观察，发现陈墨是一个完全没有集体荣誉的人，对于别人所犯的错误一旦牵涉到自己的利益就开始斤斤计较，但是危及到公司利益的

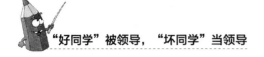

时候又会摆出不关乎自己的姿态，于是领导开始考虑辞退他的问题⋯⋯

有些"好"同学只关心别人对自己造成的损失和伤害，并对别人所犯的错误耿耿于怀。故事中的陈墨就是一个很典型的例子。当陈墨听到刘丽没有将谈判成功后，就对刘丽态度大变，把刘丽对自己造成的利益损失怀恨在心，还在领导面前把责任推卸到刘丽身上。

这就是"好"同学陈墨对他人所犯错误的态度，可以对他人给公司造成的损失视而不见，但是无法容忍他让自己承担责任和蒙受损失的行为。

"好"同学的这种做人和处事风格，没有作为一个领导者所应该具备的那种豁达和宽容的心态和气质。如果这样下去他们往往只能是一个被领导者，是一个小跟班，很难在自己的事业上有所突破，更容易使自己的职业之路越走越狭窄。

■ PK 结果分析

- "坏"同学处事有分寸，有原则性。对那些伤及自己利益但是没有对集体有实质性伤害的行为都可以接受和宽容。这是作为一个领导型人物不可缺少的一种素养和人格。

- "好"同学更加关注自身的利益和发展，一旦他人对自己的发展造成了阻碍就会斤斤计较，但是对于那些对团体造成的损害则持无所谓的态度。这是冷漠和不负责任状态下的一种宽容作风和态度，与成为一个领导者和管理者的距离还很遥远。

    所以，从两个人的对比和较量中我们可以看出一些"好"同学并没有"坏"同学的开阔心胸和大度，他们将自己的心局限在自身的利益上，而不是包容整个团体。相反，"坏"同学在为人处事上宽容却也有原则性，懂得什么情况下应该对别人的错误之处一笑而过，还懂得在什么情况下追究责任，严肃处理。这种具有原则性和责任心的态度刚好和作为一个领导所应该具有的气质和素养相符合。所以说"坏"同学更加具有做领导的潜质和能力。

Part 3　用志向丈量高度

■ **领导：志在"做大"**

俗话说得好："不想当将军的士兵不是好士兵"。意思就是说做人应该有远大的志向和抱负，不能目光短浅，浅尝辄止。

"坏"同学往往拥有宽广的胸怀和远大的抱负，总是将自己的目光看得比较长远，目标定位得比较高。正所谓"没有做不到，只有想不到"。

"坏"同学一般经历的波折比较多，见过的世面比较多，所拥有的社会经验也比较丰富。这种经历和磨炼往往让"坏"同学形成一种不满足于现状，追求更高质量生活的态度。他们总是在大起大落的生活中追寻弹性人生，总是在远大理想和抱负的刺激下奋斗不息。

与其说"坏"同学具有这种胸怀和抱负，不如说"坏"同学的野心大，他们的目标是把自己追求的事业做得"更快、更大、更强"。尽管他们在学校学习成绩不好，或者根本就没有受过什么正规的高等教育。但是他们敢想，敢做，敢冲的胆量和勇气使他们最终塑造出领导的风范和气质，成功地向领导的宝座迈进了一大步。

从商界领袖和成功人士的身上我们可以看出他们大多往往具有很大的野心，他们的目标随着事业的发展一直在不断地变化，不断地向前迈进。恰好"坏"同学往往也具有这种能力和气质，所以这就奠定和树立了"坏"同学在事业中稳定的领导地位和威望。

　　王浩在大家眼中是一个"坏"同学，在上学期间经常逃课，学习成绩可想而知，最后连普通的大学也没有考上。

　　赋闲在家的王浩闲得无聊，于是经常会去街上闲逛。由于王浩平时对一些电器和机械维修方面的东西比较感兴趣，所以他经常到附近街上的几家汽车维修中心玩耍。

一天，他又来到其中一家汽车维修中心，那个店的老板看他对这一行比较感兴趣，于是就说道："王浩，我看你在家闲着也没事，要不你来我店里学习一下汽车维修技术，一个月先给你发1200块钱，以后看你的表现再给你增加工资。"

王浩很爽快地答应道："好吧，我明天就来上班。"

就这样王浩开始了自己的第一份工作——汽车维修。别看王浩学习不怎么样，但是在汽车维修技术的学习方面他脑瓜子转得特别快，很快就上手了，并且进步和提升的空间特别大，这让老板和他的家人对他不得不刮目相看。

转眼间，王浩已经在这家维修中心工作了快一年了，对于汽车出现的一切问题他差不多都能一一解决了，可以说汽车维修这门技术他已经完全学到手了。于是王浩的心开始躁动不安起来，他在思量着自己如果一直在别人的店里工作，一个月就拿那么点儿工资实在是没有啥前途，于是他决定辞职，筹集资金开创自己的店。那样的话自己才能有更好的出路和未来。

于是王浩向老板提出了辞职的请求，尽管老板以每月增加500元的工资作为挽留他的条件，王浩还是决然地辞职了。

辞职后的王浩通过自己积累的一些资金以及父母的支持在自己的县城创立了自己的汽车维修店。由于创业初期比较难，他完全靠自己一个人的力量支撑着这个店，靠着自己高明的维修技术和良好的信誉使维修店的生意逐渐变得兴隆起来。

接下来有了一定的客源，王浩开始招聘了几名维修技术人员，并把自己的维修技术传授给他们。就这样，汽车维修店的生意开始步入了正轨。几年之后王浩的维修店生意越来越好，再后来，这家店成为全县城知名的一家维修中心，但是王浩并没有满足，他的目标是建立一个更大规模、服务更加周全和系统化的汽车维修及美容中心。

功夫不负有心人。今天，王浩经过将近十年的努力和积淀，他拥有了雄厚的资金和技术人员，于是他扩充了自己的店面，重新进行了店面装潢，进购了新的器材，使原本单一的汽车维修转变为汽车维修和美容

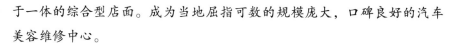

于一体的综合型店面。成为当地屈指可数的规模庞大，口碑良好的汽车美容维修中心。

有一次，王浩碰见了自己原本工作的那家老板，老板很佩服地说道："我真没想到你有这么大志气和野心啊，现在做得竟然这么好！"

王浩笑着回答道："您知道吗？我一直有一个做领导的梦想，所以我不肯把自己定位在一个被领导的角色上。这就是我当初执意离开你，自己创业做大事的原因……"

拥有远大抱负的人，往往追求的是将自己的事业做得更大，更强，故事中王浩的经历就向我们证实了这一点。

"坏"同学王浩尽管学习成绩不好，但是对于汽车维修方面特别擅长，在很短的时间内就学到了维修技术。但是他并不满足于当时的工作现状，他的目标是建立属于自己的汽车维修中心。当他建立了自己的汽车维修中心后，又给自己定了一个更加高远的目标，那就是建立服务更加周全，规模更加庞大的集维修与美容为一体的店面。总之，在这种不断追求卓越，不断做大做强的思想意识激励下，"坏"同学王浩终于实现了自己的远大抱负和志向，终于成为一名响当当的领导。

假如王浩没有树立这么大的理想，一直屈就于当初那家汽车维修中心，那么就不可能取得如此大的成就，也不可能实现自己做领导的梦想。正是这种不断求大，不断挑战和追求的野心和抱负使他迎来了自己事业的高峰期。

从很多故事和现实生活中我们可以看出那些能够成为领导和老板的人中有很大一部分是来自于"坏"同学。他们的成功与他们所具备的远大志向和抱负，以及野心和恒心息息相关。我们无意去贬褒"好"或者"坏"同学，只是阐明两者的人生观和价值追求存在着差异和分歧。我们只能说，站在事业成败的尽头，"坏"同学创造的价值和树立的威望更加具备当领导和领袖人物的特质和潜能。

■ **小弟：志在"求稳"**

相对于"坏"同学追求的大起大落，"好"同学则更加注重追求那些稳定、平静的生活方式。他们喜欢将自己的追求定格在一个循规蹈矩的圈子里，按部就班地进行。换句话说就是慢中求稳，稳中求进。

为什么"好"同学和"坏"同学会存在如此大的差异呢？主要是因为"好"同学一般接受过正统的教育，在他的意识中一直有相关的专业知识框架和模型在无形地局限着他的思维和构想。他们自从上学开始就被家人和老师视为好学生、好孩子。他们的生活和学习都被家人一手包办了，根本无需关心和操心，只是顺着已经被铺好和设计好的人生道路自在地走下去。即便是找到了一份工作，也不会轻易地更换，所以他们的梦想和抱负就被束缚和禁锢在一个有限的空间内，渐渐地就习惯了这种稳定和平淡的生活，从此与领导之路南辕北辙，越来越远。

"好"同学的这种安于现状，缺乏激情和挑战欲望的心态决定了他们总是在一种稳定中酝酿和翻滚，但是一直很难找到一个重大的命运突破口，给自己的生活注入强大的动力和活力。这就是现如今职场中常常出现的"好"同学大多只能成为员工和小弟而不是老板和领导的原因。

张晓梅从小到大在大家的眼中就是一个乖乖女，不仅懂事，更重要的是学习成绩特别好，家里的墙壁上满满地贴的都是她的奖状。

去年，张晓梅以优异的成绩大学毕业了，由于眼高手低一直未能找到合适的工作，最终只好求救于父母。最终在父母的帮助下找到了一个助理方面的工作。父母的意思是说，想让她先借此工作的机会多认识一些人，锻炼一下她适应社会的能力。等她给自己找到一个确切的定位以后再去找真正适合自己长久发展的事业，但是张晓梅的做法很让父母失望。

因为到目前为止，张晓梅做那个助理工作已经一年多了，但是父母见她迟迟没有更换工作的动静。于是她的妈妈便对她说："你看，这个助理的工作整天忙活的就是端茶倒水，打扫卫生，对你的长远发展没有实质性的帮助，你还是赶快找一个新的工作吧。"

张晓梅不以为然地说道："当初不是你们千方百计给我找的吗？况且我现在对这个工作很满意。每天的工作很有规律，这么稳定，不用担心失业，现在上哪里去找这么好的工作呢？"

父母听了摇摇头，苦口婆心地劝道："当初只是想让你有一个适应社会的过程，让你学习一下待人接物的技巧，现在你倒好，一点雄心壮志也没有，真的甘心屈就于这么稳定但是没有前途的工作？"

张晓梅开始为父母的唠叨感到厌烦了，于是回答道："不想换，谁知道还能不能找到一个比这个好一点的工作呢？"

她的爸爸接着说道："你坐在这里想，不去尝试，不去找，你怎么知道找不到？"

张晓梅反驳道："重新找工作不还得需要一个适应的过程吗？再说我学的专业一点也不好找对口工作，即便是找到了还得从头再学一门专业技能，多麻烦，还不如一直做这个稳定又省事的工作呢。"

听了张晓梅的话，父母感到无语又无奈，只是叹了口气，说道："这些奖状真是浪费了，你怎么没有一点儿大的志向和追求呢？"

……

尽管父母再三劝说，张晓梅似乎没有丝毫的让步，还是按部就班地上班、下班。父母很是不明白为什么她会一直坚守着这个虽然稳定却没有什么发展前途的工作，但是对于她的执着，他们也只能听之任之了。

故事中的张晓梅就是"好"同学志在"求稳"的典型例子。在大家的意识中，"好"同学张晓梅应该非常容易找到工作的，但是事实却是她屡遭碰壁，最终还是在父母的帮助下才勉强找到一个稳定的工作。在父母看来，这个工作只是暂缓之计，并非长久之策。可是结果却是令他们失望的，因为张晓梅完全依赖和习惯上了这个工作，并没有想更换的意思。

现实生活中有很多像张晓梅一样的"好"同学都是走这样的道路的。他们一旦适应和习惯了某个工作或者某个领域就很难跨越出去，究其原因就是因为他们往往容易满足于眼前的现状，缺乏追求卓越的上进心和野心。

其实这种生活和工作态度对一个人的长远发展是很不利的。它很容易束缚一个人的思想和能力，使人局限在一个特定的领域内，慢慢地失去激情和冲劲，最终沦为一个很平庸之人，从此与光芒四射的人生相隔离。

生活中始终存在着这样一类人，他们拥有高学历，有着"好"同学的光环，但是就是缺乏那种敢拼、敢闯的豪情壮志，总是在一种稳定的，一成不变的甚至是毫无激情的状态下工作和生活。所以，他们始终只能是一群默默无闻的、毫无远大抱负的平庸之辈。

"好"同学的这种求稳心态注定了他们很难使自己的人生得到一个重大的突破，只能在平凡的岗位上做老板眼中的好员工，领导眼中的小弟。所以说，"好"同学的这种心态是与做老板、做领导的特质相背离的。

■ PK 结果分析

- 一个人的抱负和志向决定了他人生奋斗的高度和价值，那些拥有远大抱负和理想的人往往比那些满足于现状的人更容易成功。

- "坏"同学往往对那种大起大落、冒险刺激的生活情有独钟，所以他们具有很大的野心和欲望去征服困难，使自己不断地向自己的远大理想迈进，最终树立起领导的威信和声望。

- "好"同学大多喜欢那种平淡安稳的生活，总是将自己固定和局限在一个狭小的环境中，只能成为一个个默默无闻的无名小卒和平凡之辈。

  所以，从两者的人生态度和价值观上来看，"坏"同学往往容易独挡一面，能够在事业和生活上塑造一个强大的领导形象，而"好"同学则倾向于在平稳中充当一名被领导的小弟。

后　记

　　本书在成稿过程中，得到好朋友丁朋、周滢泓、袁登科、冯少华、郭海平、曹的郡、卓盛丹、陈耀君、刘燕、米晶、陈艳春、戴晓慧、王丹、金丽静、陈鸿等人的协助，他们在选题立意、提纲编排、资料搜集、细节打磨、文字斟酌、尺度把握上付出了心血，在此表示谢意！

　　欢迎读友加入 QQ 群号 1961576637，或致电顾问手机 15201402522 进行热烈讨论。